U0023509

100 CUPS OF COFFEE

100杯咖啡記錄

美好生活實踐小組編著

屬於自己的咖啡記錄 MY COFFEE NOTES

這幾年，各式特色咖啡館如雨後春筍般出現在街頭或小巷弄，掀起一陣咖啡館風潮。這些咖啡館不僅裝潢擺設獨具特色，身為主角的咖啡，除了耳熟能詳的咖啡豆品種，近年更引進不同產區的高質感莊園、精品咖啡豆，讓大家有多選擇。利用週末假日或下班後，和好友、同事相約咖啡館，一杯單品咖啡，成了許多人忙中喘口氣的生活小確幸。

喝到限量特殊、自己喜愛的風味咖啡，或者喜歡店內的裝潢風格，都可能是你再次光顧的主要原因。為了留下這些美好的風味和氛圍，製作屬於自己的咖啡記錄絕對必要。這本筆記本形式的咖啡記錄，內容包含「100 杯咖啡記錄」和「購買咖啡豆記錄」兩大單元，可以讓你記錄 100 杯美味的單品咖啡（使用原產地出產的單一咖啡豆磨製而成，飲用時一般不加奶或糖的純正咖啡），當然，也能隨心記下花式咖啡的滋味。還有，如果你喜歡購買咖啡

豆在家自己沖煮，也別忘了將每次購買的豆子的酸、苦、甜和香氣，以及生豆烘焙、處理法記錄下來，當作之後再次選購時的參考。同一種咖啡豆也可以搭配不同沖煮器具，全都寫下來，更確認自己的喜好。

別再羨慕部落格、臉書、推特上的達人品咖啡經驗、咖啡店推薦分享了，你也可以用生動活潑的插畫、文字和照片，將拜訪過的咖啡館、喝過的咖啡、咖啡豆完整記錄，製作專屬的咖啡筆記。接下來，就從這一次的咖啡館之約開始寫吧！

100 CUPS OF COFFEE
100杯咖啡記錄

❶No.1

今 / 日 / 咖 / 啡 / ❷ _____

店 / 名 / ❸ _____ 日 / 期 / ❹ _____

❺

搭配甜點 Sweets ❻ _____

咖啡風味 Tasting Comment

❼ 香氣 ▶ ①-②-③-④-⑤
❽ 甜度 ▶ ①-②-③-④-⑤
❾ 酸度 ▶ ①-②-③-④-⑤
❿ 苦度 ▶ ①-②-③-④-⑤
⓫ 餘韻 ▶ ①-②-③-④-⑤

私筆記 Note
⓱ _____
_____
_____
_____

我的感想 My Review

⓬ 氛圍 ▶ ①②③④⑤
⓭ 服務 ▶ ①②③④⑤
⓮ 價格 ▶ ①②③④⑤
⓯ 總評 ▶ _____ 分
⓰ 再訪 ▶ □ 會 / □ 不會

⓲ **話咖啡 COFFEE**

所謂單品咖啡,是指使用原產地出產的單一咖啡豆磨製而成,飲用時一般不加奶或糖的純正咖啡。

店家資訊 Shop Data
地址:_____
⓳
_____
電話:_____
營業:_____
店休:_____

開始記錄之前，可以一邊參照左頁的圖文，一邊參看本頁的說明。

當中的程度等級，是以一般人易懂的方式來區分，讓初學者方便填寫。

當然，你也可以發揮自己的想像力，將每一杯咖啡與咖啡館，以自己的方式填寫。

❶ **杯數：**數字從 No.1～100，表示第 1～100 杯咖啡。不一定要記錄不同的咖啡館，如果是常去的店，可以記錄不同風味的咖啡。

❷ **今日咖啡：**記下今天喝的咖啡名稱，例如：曼特寧（Mandheling）、巴西喜拉朵（Brazil Cerrado）、古巴圖基諾（Cuba Turquino）、瓜地馬拉安堤瓜（Guatemalan Antigua）等等。

❸ **店名：**咖啡館店名。

❹ **日期：**品嚐這杯咖啡的時間。

❺ **照片或插圖：**可以選擇用插圖、手機或相機拍照後輸出，抑或拍立得，連同咖啡杯一起記錄下來。

❻ **搭配甜點：**雖然單飲咖啡能喝出原味，但搭配餅乾、蛋糕也另有一番風味。可依當天喝的咖啡，請店家推薦適合的糕點，享受美好滋味。

❼ **香氣：**從弱至強依序為微香、弱香、中香、濃香、特香 5 個等級。咖啡入口後，嗅覺與味覺感受到的香氣，像檸檬和柑橘的清香、花香等。

❽ **甜度（甘）：**從弱至強依序為微甜（甘）、弱甜（甘）、中甜（甘）、強甜（甘）、特甜（甘）5 個等級。咖啡烘焙後會產生焦糖化反應，產生甜的物質，所以品嚐優質單品咖啡時，自然會有甜感，例如巧克力甜香等。

❾ **酸度：**從弱至強依序為微酸、弱酸、中酸、強酸、特酸 5 個等級。咖啡含有果酸，優質咖啡的酸是風味清爽、柔和，絕不酸澀，令味蕾感到舒適。愈重烘焙的咖啡豆酸性愈低，相反地，淺烘焙與中烘焙的咖啡豆酸性較明顯。

❿ **苦度：**從弱至強依序為微苦、弱苦、中苦、強苦、特苦 5 個等級。愈重烘焙的咖啡豆愈苦，所以不喜歡苦味咖啡的話，可以選淺、中烘焙。

⓫ **餘韻：**分為 5 個等級。咖啡入口後，留在嘴中的餘韻、後味，喝完是否留有香氣，以及回甘、滿足感。

⓬ **氛圍：**包含燈光、擺設、舒適度等，分為讚、佳、尚可、差、極差 5 個等級。

⓭ **服務：**對顧客的服務，分為讚、佳、尚可、差、極差 5 個等級。

⓮ **價格：**可依個人對價格的接受度，自行分 5 個等級。

⓯ **總評：**綜合氛圍、服務和價格給分，滿分是 100 分。

⓰ **再訪：**綜合所有評價之後，是否願意再次前來。

⓱ **私筆記：**可以記入相關事項，像是咖啡杯的風格、店內販售的咖啡相關商品、藝文訊息等等，或者這次造訪的感想。

⓲ **話咖啡：**與品嚐咖啡、咖啡豆、沖煮等相關的小常識，以及名言、小語、人物等，在寫筆記的同時，更加認識咖啡。

⓳ **店家資訊：**包含營業時間、地址、電話等，詳細記下有助於推薦他人或再訪。

No.1

今 / 日 / 咖 / 啡 /　耶加雪菲

店 / 名 /　Eca 佛咖啡　　　　　日 / 期 /　2016年 3月 8日

搭配甜點 Sweets　　鮮奶蛋糕捲

咖啡風味 Tasting Comment

香氣 ▶ ①-②-③-④-●
甜度 ▶ ①-②-③-❹-⑤
酸度 ▶ ①-②-❸-④-⑤
苦度 ▶ ●-②-③-④-⑤
餘韻 ▶ ①-②-③-❹-⑤

我的感想 My Review

氛圍 ▶ ①-②-③-❹-⑤
服務 ▶ ①-②-③-④-●
價格 ▶ ①-❷-③-❹-⑤
總評 ▶ ___90___ 分
再訪 ▶ ☑會 / □不會

私筆記 Note　帶有獨特花香、柑橘(檸檬)香氣的
耶加雪菲,是我很喜歡的風味。
老闆說他們使用的是中烘焙+水洗法
的咖啡豆,口感特別柔順。

店家資訊 Shop Data
地址:台北市中山北路六段
245號
電話:2831-1388
營業:週一~日 am 8:00~pm 6:00
店休:不定休

No.2

今日咖啡 安提瓜花神

店名 先住咖啡　　　　日期 2016年4月10日

搭配甜點 Sweets 芒果戚風蛋糕

話咖啡 COFFEE

手沖咖啡的濃度比義式濃縮咖啡淡，不適合加入鮮奶製作花式咖啡，最好直接品嚐。

店家資訊 Shop Data

地址 台北市基隆路二段 13-1號3樓

電話 2345-3868

營業 週一～五 am9:00～pm6:00

店休 週六、日休

咖啡風味 Tasting Comment

香氣 ▶ ①-②-③-④-●

甜度 ▶ ①-②-③-●-⑤

酸度 ▶ ●-②-③-④-⑤

苦度 ▶ ●-②-③-④-⑤

餘韻 ▶ ①-②-③-●-⑤

我的感想 My Review

氛圍 ▶ ①②③④●

服務 ▶ ①②③●⑤

價格 ▶ ①②●④⑤

總評 ▶ 88 分

再訪 ▶ ☑會 / □不會

私筆記 Note 因為喜歡花香的咖啡，店家特別推薦這杯安提瓜花神。啜飲一口後感受到焦糖、杏仁油脂與煙燻(一絲絲)風味，溫和淡淡的酸味，很想再喝一杯。

常見的咖啡杯 ABOUT COFFEE CUPS

從容量來說，除了義式濃縮咖啡杯，最常看到的是容量 120 ～ 140c.c. 的。
形狀上分成「杯口比杯底寬」、「杯口與杯底同寬」兩種。但現在咖啡館選用的杯子較隨性，
小馬克杯、琺瑯杯或無底盤咖啡杯都有人使用。只要不燙手、保溫性佳，
都能安心品嚐到最佳風味。以下介紹的是常見的容量、形狀的咖啡杯，
下次喝咖啡時，別忘了先欣賞美麗的杯子。

杯口比杯底寬
120 ～ 140c.c.

杯口比杯底寬
120 ～ 140c.c.

杯口比杯底寬
120 ～ 140c.c.

杯口比杯底寬
160 ～ 180c.c.

杯口與杯底同寬，
杯緣與杯盤邊飾
有銀邊240c.c.

杯口比杯底寬，
杯緣與杯盤邊飾
有金邊230c.c.

杯口比杯底寬
170 ～ 180c.c.

杯口與杯底同寬
180 ～ 190c.c.

義式濃縮咖啡杯
60 ～ 80c.c.

不規則形狀，禪風咖
啡杯 120 ～ 130c.c.

杯口比杯底寬
160 ～ 180c.c.

杯口與杯底同寬
160 ～ 180c.c.

無底盤咖啡杯
120 ～ 140c.c.

馬克杯 250c.c.

馬克杯 300c.c.

琺瑯杯 250c.c.

100 CUPS OF COFFEE,
LET'S START!

「100 杯咖啡記錄」
開始記錄！

閱讀完 P.004~005 的說明和 P.006~007 的記入實例，
立刻就可以記錄囉！
就從下個週末和朋友的咖啡之約開始，
將美味的咖啡、甜點和風格咖啡館留在這本筆記本裡。

No.1

今 / 日 / 咖 / 啡 / _____

店 / 名 / _____ 日 / 期 / _____

搭配甜點 Sweets _____

咖啡風味 Tasting Comment

香氣 ▶ ①–②–③–④–⑤

甜度 ▶ ①–②–③–④–⑤

酸度 ▶ ①–②–③–④–⑤

苦度 ▶ ①–②–③–④–⑤

餘韻 ▶ ①–②–③–④–⑤

私筆記 Note

_____

_____

_____

_____

我的感想 My Review

氛圍 ▶ ① ② ③ ④ ⑤

服務 ▶ ① ② ③ ④ ⑤

價格 ▶ ① ② ③ ④ ⑤

總評 ▶ _____ 分

再訪 ▶ □ 會 / □ 不會

話咖啡 COFFEE

衣索比亞南部的咖發（Kaffa），是咖啡的發源地。相傳當時的人有將喝咖啡儀式化的傳統習慣，在當地叫作「Kariomon」。

店家資訊 Shop Data

地址：_____

_____

電話：_____

營業：_____

店休：_____

No.2

今 / 日 / 咖 / 啡 / _____

店 / 名 / _____ 日 / 期 / _____

搭配甜點 Sweets _____

話咖啡 COFFEE

咖啡日最早是由日本咖啡協會在 1983 年提出，訂 10 月 1 日為咖啡日，而美國則是從 2005 年 9 月 29 日起推廣，目前各處都有自己的咖啡日。

店家資訊 Shop Data

地址：_____

電話：_____

營業：_____

店休：_____

咖啡風味 Tasting Comment

香氣 ▶ ①-②-③-④-⑤-
甜度 ▶ ①-②-③-④-⑤-
酸度 ▶ ①-②-③-④-⑤-
苦度 ▶ ①-②-③-④-⑤-
餘韻 ▶ ①-②-③-④-⑤-

私筆記 Note

_____

_____

_____

我的感想 My Review

氛圍 ▶ ① ② ③ ④ ⑤
服務 ▶ ① ② ③ ④ ⑤
價格 ▶ ① ② ③ ④ ⑤
總評 ▶ _____分
再訪 ▶ □ 會 / □ 不會

010
011

No.3

今 l 日 l 咖 l 啡 l _____

店 l 名 l _____ 日 l 期 l _____

搭配甜點 Sweets _____

咖啡風味 Tasting Comment

香氣 ▶ ①-②-③-④-⑤-

甜度 ▶ ①-②-③-④-⑤-

酸度 ▶ ①-②-③-④-⑤-

苦度 ▶ ①-②-③-④-⑤-

餘韻 ▶ ①-②-③-④-⑤-

私筆記 Note

_____

_____

_____

_____

我的感想 My Review

氛圍 ▶ ① ② ③ ④ ⑤

服務 ▶ ① ② ③ ④ ⑤

價格 ▶ ① ② ③ ④ ⑤

總評 ▶ _____ 分

再訪 ▶ □ 會 / □ 不會

話咖啡 COFFEE

在非洲一些國家，喝咖啡這個行為不僅包含了精神與教養等文化上的習慣，更表示對他人的感謝與熱情好客。

店家資訊 Shop Data

地址：_____

_____

電話：_____

營業：_____

店休：_____

No.4

今 | 日 | 咖 | 啡 | _____

店 | 名 | _____   日 | 期 | _____

搭配甜點 Sweets _____

店家資訊 Shop Data

地址：_____

_____

電話：_____

營業：_____

店休：_____

咖啡風味 Tasting Comment

香氣 ▶ ①-②-③-④-⑤-

甜度 ▶ ①-②-③-④-⑤-

酸度 ▶ ①-②-③-④-⑤-

苦度 ▶ ①-②-③-④-⑤-

餘韻 ▶ ①-②-③-④-⑤-

我的感想 My Review

氛圍 ▶ ① ② ③ ④ ⑤

服務 ▶ ① ② ③ ④ ⑤

價格 ▶ ① ② ③ ④ ⑤

總評 ▶ _____分

再訪 ▶ □ 會 / □ 不會

私筆記 Note

_____

_____

_____

_____

No.5

今 l 日 l 咖 l 啡 l _____

店 l 名 l _____ 日 l 期 l _____

搭配甜點 Sweets _____

咖啡風味 Tasting Comment

香氣 ▶ ①-②-③-④-⑤
甜度 ▶ ①-②-③-④-⑤
酸度 ▶ ①-②-③-④-⑤
苦度 ▶ ①-②-③-④-⑤
餘韻 ▶ ①-②-③-④-⑤

私筆記 Note _____

_____

_____

_____

我的感想 My Review

氛圍 ▶ ① ② ③ ④ ⑤
服務 ▶ ① ② ③ ④ ⑤
價格 ▶ ① ② ③ ④ ⑤
總評 ▶ _____分
再訪 ▶ □ 會 / □ 不會

話咖啡 COFFEE

手沖咖啡的濃度比義式
濃縮咖啡淡，不適合加
入鮮奶製作花式咖啡，
最好直接品嚐。

店家資訊 Shop Data

地址：_____

電話：_____

營業：_____

店休：_____

No.6

今 / 日 / 咖 / 啡 / _____

店 / 名 / _____   日 / 期 / _____

搭配甜點 Sweets _____

話咖啡 COFFEE

來自衣索比亞地區的耶加雪菲（yirgacheffe），是非洲非常具代表性的咖啡豆，典型的耶加雪菲屬於酸香系。

店家資訊 Shop Data

地址：_____
_____

電話：_____

營業：_____

店休：_____

咖啡風味 Tasting Comment

香氣 ▶ ①-②-③-④-⑤

甜度 ▶ ①-②-③-④-⑤

酸度 ▶ ①-②-③-④-⑤

苦度 ▶ ①-②-③-④-⑤

餘韻 ▶ ①-②-③-④-⑤

私筆記 Note

_____
_____
_____
_____

我的感想 My Review

氛圍 ▶ ① ② ③ ④ ⑤

服務 ▶ ① ② ③ ④ ⑤

價格 ▶ ① ② ③ ④ ⑤

總評 ▶ _____ 分

再訪 ▶ □ 會 / □ 不會

100 CUPS OF COFFEE 100杯咖啡 記錄

No.7

今│日│咖│啡│ _____

店│名│ _____ 日│期│ _____

搭配甜點 Sweets _____

咖啡風味 Tasting Comment

香氣 ▶ ①-②-③-④-⑤
甜度 ▶ ①-②-③-④-⑤
酸度 ▶ ①-②-③-④-⑤
苦度 ▶ ①-②-③-④-⑤
餘韻 ▶ ①-②-③-④-⑤

私筆記 Note _____
_____
_____
_____

我的感想 My Review

氛圍 ▶ ① ② ③ ④ ⑤
服務 ▶ ① ② ③ ④ ⑤
價格 ▶ ① ② ③ ④ ⑤
總評 ▶ _____ 分
再訪 ▶ □ 會 / □ 不會

話咖啡 COFFEE

安堤瓜花神(Antigua la flor del café)是瓜地馬拉的招牌咖啡,有「咖啡之花」之意。具有優雅的花香,口感微酸,層次豐富。

店家資訊 Shop Data

地址: _____
_____
電話: _____
營業: _____
店休: _____

No.8

今 / 日 / 咖 / 啡 / _____

店 / 名 / _____   日 / 期 / _____

搭配甜點 Sweets _____

店家資訊 Shop Data

地址:_____

_____

電話:_____

營業:_____

店休:_____

咖啡風味 Tasting Comment

香氣 ▶ ①-②-③-④-⑤-

甜度 ▶ ①-②-③-④-⑤-

酸度 ▶ ①-②-③-④-⑤-

苦度 ▶ ①-②-③-④-⑤-

餘韻 ▶ ①-②-③-④-⑤-

私筆記 Note

_____

_____

_____

_____

我的感想 My Review

氛圍 ▶ ① ② ③ ④ ⑤

服務 ▶ ① ② ③ ④ ⑤

價格 ▶ ① ② ③ ④ ⑤

總評 ▶ _____分

再訪 ▶ □ 會 / □ 不會

今 / 日 / 咖 / 啡 / _____

店 / 名 / _____ 日 / 期 / _____

搭配甜點 Sweets _____

咖啡風味 Tasting Comment

香氣 ▶ ①-②-③-④-⑤-

甜度 ▶ ①-②-③-④-⑤-

酸度 ▶ ①-②-③-④-⑤-

苦度 ▶ ①-②-③-④-⑤-

餘韻 ▶ ①-②-③-④-⑤-

私筆記 Note _____

_____

_____

_____

我的感想 My Review

氛圍 ▶ ① ② ③ ④ ⑤

服務 ▶ ① ② ③ ④ ⑤

價格 ▶ ① ② ③ ④ ⑤

總評 ▶ _____ 分

再訪 ▶ □ 會 / □ 不會

話咖啡 COFFEE

關於咖啡中的苦味，萃取時間、烘焙時間愈長，以及烘焙程度愈強，苦味就會愈明顯。

店家資訊 Shop Data

地址：_____

_____

電話：_____

營業：_____

店休：_____

No.10

今 / 日 / 咖 / 啡 / _____

店 / 名 / _____   日 / 期 / _____

搭配甜點 Sweets _____

店家資訊 Shop Data

地址：_____

_____

電話：_____

營業：_____

店休：_____

咖啡風味 Tasting Comment

香氣 ▶ ①-②-③-④-⑤

甜度 ▶ ①-②-③-④-⑤

酸度 ▶ ①-②-③-④-⑤

苦度 ▶ ①-②-③-④-⑤

餘韻 ▶ ①-②-③-④-⑤

我的感想 My Review

氛圍 ▶ ① ② ③ ④ ⑤

服務 ▶ ① ② ③ ④ ⑤

價格 ▶ ① ② ③ ④ ⑤

總評 ▶ _____分

再訪 ▶ □ 會 / □ 不會

私筆記 Note

_____

_____

_____

No.11

今 / 日 / 咖 / 啡 / _____

店 / 名 / _____ 日 / 期 / _____

搭配甜點 Sweets _____

咖啡風味 Tasting Comment

香氣 ▶ ①-②-③-④-⑤-
甜度 ▶ ①-②-③-④-⑤-
酸度 ▶ ①-②-③-④-⑤-
苦度 ▶ ①-②-③-④-⑤-
餘韻 ▶ ①-②-③-④-⑤-

私筆記 Note

_____
_____
_____

我的感想 My Review

氛圍 ▶ ①②③④⑤
服務 ▶ ①②③④⑤
價格 ▶ ①②③④⑤
總評 ▶ _____ 分
再訪 ▶ □ 會 / □ 不會

話咖啡 COFFEE

當咖啡送上桌時別急著喝，可以先聞聞香氣，再回味喝下咖啡時，鼻子與嘴感受的香氣，以及留在嘴中的餘韻、回甘。

店家資訊 Shop Data

地址：_____
_____
電話：_____
營業：_____
店休：_____

No.12

今 ı 日 ı 咖 ı 啡 ı _____

店 ı 名 ı _____ 日 ı 期 ı _____

搭配甜點 Sweets _____

話咖啡 COFFEE

一般而言，咖啡的酸味與烘焙程度成反比，所以喜歡微酸、果酸的人，可以挑選淺烘焙的單品咖啡。

店家資訊 Shop Data

地址：_____

_____

電話：_____

營業：_____

店休：_____

咖啡風味 Tasting Comment

香氣 ▶ ①-②-③-④-⑤-

甜度 ▶ ①-②-③-④-⑤-

酸度 ▶ ①-②-③-④-⑤-

苦度 ▶ ①-②-③-④-⑤-

餘韻 ▶ ①-②-③-④-⑤-

我的感想 My Review

氛圍 ▶ ① ② ③ ④ ⑤

服務 ▶ ① ② ③ ④ ⑤

價格 ▶ ① ② ③ ④ ⑤

總評 ▶ _____分

再訪 ▶ □ 會 / □ 不會

私筆記 Note

_____

_____

_____

_____

100 CUPS OF COFFEE
100杯咖啡 記錄

No.13

今 / 日 / 咖 / 啡 / _____

店 / 名 / _____ 日 / 期 / _____

搭配甜點 Sweets _____

咖啡風味 Tasting Comment

香氣 ▶ ①-②-③-④-⑤
甜度 ▶ ①-②-③-④-⑤
酸度 ▶ ①-②-③-④-⑤
苦度 ▶ ①-②-③-④-⑤
餘韻 ▶ ①-②-③-④-⑤

私筆記 Note _____
_____
_____
_____

我的感想 My Review

氛圍 ▶ ① ② ③ ④ ⑤
服務 ▶ ① ② ③ ④ ⑤
價格 ▶ ① ② ③ ④ ⑤
總評 ▶ _____ 分
再訪 ▶ □ 會 / □ 不會

話咖啡 COFFEE

喜歡單品咖啡卻不知如何形容風味
的人，可參考品咖啡類的書籍，認
識莓果酸、茉莉花、焦糖、杏仁、
柑橘香、葡萄、糖蜜等形容詞彙，
有助於記錄，找到自己喜歡的味道。

店家資訊 Shop Data
地址：_____
_____
電話：_____
營業：_____
店休：_____

No.14

今 / 日 / 咖 / 啡 / _____

店 / 名 / _____ 日 / 期 / _____

搭配甜點 Sweets _____

店家資訊 Shop Data

地址：_____

_____

電話：_____

營業：_____

店休：_____

咖啡風味 Tasting Comment

香氣 ▶ ①–②–③–④–⑤–

甜度 ▶ ①–②–③–④–⑤–

酸度 ▶ ①–②–③–④–⑤–

苦度 ▶ ①–②–③–④–⑤–

餘韻 ▶ ①–②–③–④–⑤–

私筆記 Note

_____

_____

_____

_____

我的感想 My Review

氛圍 ▶ ① ② ③ ④ ⑤

服務 ▶ ① ② ③ ④ ⑤

價格 ▶ ① ② ③ ④ ⑤

總評 ▶ _____分

再訪 ▶ □ 會 / □ 不會

No.15

今 I 日 I 咖 I 啡 I _____

店 I 名 I _____ 日 I 期 I _____

搭配甜點 Sweets _____

咖啡風味 Tasting Comment

香氣 ▶ ①-②-③-④-⑤-
甜度 ▶ ①-②-③-④-⑤-
酸度 ▶ ①-②-③-④-⑤-
苦度 ▶ ①-②-③-④-⑤-
餘韻 ▶ ①-②-③-④-⑤-

我的感想 My Review

氛圍 ▶ ①②③④⑤
服務 ▶ ①②③④⑤
價格 ▶ ①②③④⑤
總評 ▶ _____分
再訪 ▶ □ 會 / □ 不會

話咖啡 COFFEE

單品咖啡入口，在嘴中散發香氣後喝下，口中仍留有餘韻，仔細感受，也能感受到不同層次的風味。

私筆記 Note

_____
_____
_____
_____

店家資訊 Shop Data

地址：_____
_____
電話：_____
營業：_____
店休：_____

No.16

今 / 日 / 咖 / 啡 / _____

店 / 名 / _____ 日 / 期 / _____

搭配甜點 Sweets _____

話咖啡 COFFEE

一杯美好的咖啡，在剛沖煮完成喝一些，等咖啡溫、冷時再試試，可以分不同階段品嚐，感受不同風味。

店家資訊 Shop Data

地址：_____

電話：_____

營業：_____

店休：_____

咖啡風味 Tasting Comment

香氣 ▶ ①-②-③-④-⑤

甜度 ▶ ①-②-③-④-⑤

酸度 ▶ ①-②-③-④-⑤

苦度 ▶ ①-②-③-④-⑤

餘韻 ▶ ①-②-③-④-⑤

我的感想 My Review

氛圍 ▶ ① ② ③ ④ ⑤

服務 ▶ ① ② ③ ④ ⑤

價格 ▶ ① ② ③ ④ ⑤

總評 ▶ _____ 分

再訪 ▶ □ 會 / □ 不會

私筆記 Note

_____

_____

_____

_____

100 CUPS OF COFFEE
100杯咖啡 記錄

No.17

今 l 日 l 咖 l 啡 l _____

店 l 名 l _____ 日 l 期 l _____

搭配甜點 Sweets _____

咖啡風味 Tasting Comment

香氣 ▶ ①-②-③-④-⑤-
甜度 ▶ ①-②-③-④-⑤-
酸度 ▶ ①-②-③-④-⑤-
苦度 ▶ ①-②-③-④-⑤-
餘韻 ▶ ①-②-③-④-⑤-

私筆記 Note
_____
_____
_____
_____

我的感想 My Review

氛圍 ▶ ① ② ③ ④ ⑤
服務 ▶ ① ② ③ ④ ⑤
價格 ▶ ① ② ③ ④ ⑤
總評 ▶ _____分
再訪 ▶ □ 會 / □ 不會

話咖啡 COFFEE

梵谷的名畫夜間咖啡館（The Night Cafe in the Place Lamartine in Arles）是以咖啡館為主題的創作，它有別於常見歡樂明亮的咖啡館，試圖呈現咖啡館中的寂寥、不安和不快樂。

店家資訊 Shop Data
地址：_____
_____
電話：_____
營業：_____
店休：_____

No.18

今 / 日 / 咖 / 啡 / _____

店 / 名 / _____   日 / 期 / _____

搭配甜點 Sweets _____

話咖啡 COFFEE

溫度也是左右咖啡美味度的
原因之一，建議的品嚐溫度
是體溫的正負 25～30℃，
所以熱咖啡約 62～70℃，
而冰咖啡是 5～12℃。

店家資訊 Shop Data

地址：_____

_____

電話：_____

營業：_____

店休：_____

咖啡風味 Tasting Comment

香氣 ▶ ①-②-③-④-⑤-

甜度 ▶ ①-②-③-④-⑤-

酸度 ▶ ①-②-③-④-⑤-

苦度 ▶ ①-②-③-④-⑤-

餘韻 ▶ ①-②-③-④-⑤-

我的感想 My Review

氛圍 ▶ ① ② ③ ④ ⑤

服務 ▶ ① ② ③ ④ ⑤

價格 ▶ ① ② ③ ④ ⑤

總評 ▶ _____分

再訪 ▶ □ 會 / □ 不會

私筆記 Note

_____

_____

_____

_____

100 CUPS OF COFFEE
100杯咖啡記錄

No.19

今/日/咖/啡/ _____

店/名/ _____ 日/期/ _____

搭配甜點 Sweets _____

咖啡風味 Tasting Comment

香氣 ▶ ①-②-③-④-⑤-

甜度 ▶ ①-②-③-④-⑤-

酸度 ▶ ①-②-③-④-⑤-

苦度 ▶ ①-②-③-④-⑤-

餘韻 ▶ ①-②-③-④-⑤-

私筆記 Note _____

_____

_____

_____

我的感想 My Review

氛圍 ▶ ①②③④⑤

服務 ▶ ①②③④⑤

價格 ▶ ①②③④⑤

總評 ▶ _____ 分

再訪 ▶ □ 會 / □ 不會

話咖啡 COFFEE

微酸弱苦味的咖啡,適合搭配含高乳脂肪,大量鮮奶油的甜點,像是奶油蛋糕、蜂蜜蛋糕、鬆餅和千層派等。

店家資訊 Shop Data

地址: _____

_____

電話: _____

營業: _____

店休: _____

No.20

今 / 日 / 咖 / 啡 / ＿＿＿＿＿＿＿＿＿＿＿＿＿＿＿＿＿＿＿＿＿

店 / 名 / ＿＿＿＿＿＿＿＿＿＿＿＿　日 / 期 / ＿＿＿＿＿＿＿＿＿

搭配甜點 Sweets ＿＿＿＿＿＿＿＿＿＿＿＿＿＿＿＿＿＿

話咖啡 COFFEE

略重烘焙的苦味咖啡，
可以搭配含高可可成分
的甜點，比如巧克力蛋
糕、蒙布朗、沙瓦林、
焦糖風味甜點等。

店家資訊 Shop Data

地址：＿＿＿＿＿＿＿＿＿＿＿

電話：＿＿＿＿＿＿＿＿＿＿＿

營業：＿＿＿＿＿＿＿＿＿＿＿

店休：＿＿＿＿＿＿＿＿＿＿＿

咖啡風味 Tasting Comment

香氣 ▶ ①-②-③-④-⑤-

甜度 ▶ ①-②-③-④-⑤-

酸度 ▶ ①-②-③-④-⑤-

苦度 ▶ ①-②-③-④-⑤-

餘韻 ▶ ①-②-③-④-⑤-

私筆記 Note

＿＿＿＿＿＿＿＿＿＿＿＿＿＿＿＿＿＿＿＿

＿＿＿＿＿＿＿＿＿＿＿＿＿＿＿＿＿＿＿＿

＿＿＿＿＿＿＿＿＿＿＿＿＿＿＿＿＿＿＿＿

＿＿＿＿＿＿＿＿＿＿＿＿＿＿＿＿＿＿＿＿

我的感想 My Review

氛圍 ▶ ① ② ③ ④ ⑤

服務 ▶ ① ② ③ ④ ⑤

價格 ▶ ① ② ③ ④ ⑤

總評 ▶ ＿＿＿＿＿分

再訪 ▶ □ 會 / □ 不會

100 CUPS OF COFFEE
100杯咖啡記錄

No.21

今 / 日 / 咖 / 啡 / _____

店 / 名 / _____ 日 / 期 / _____

搭配甜點 Sweets _____

咖啡風味 Tasting Comment

香氣 ► ①-②-③-④-⑤-
甜度 ► ①-②-③-④-⑤-
酸度 ► ①-②-③-④-⑤-
苦度 ► ①-②-③-④-⑤-
餘韻 ► ①-②-③-④-⑤-

私筆記 Note
_____
_____
_____
_____

我的感想 My Review

氛圍 ► ① ② ③ ④ ⑤
服務 ► ① ② ③ ④ ⑤
價格 ► ① ② ③ ④ ⑤
總評 ► _____分
再訪 ► □ 會 / □ 不會

話咖啡 COFFEE

舌頭的後段對苦味較敏感，以杯口與杯底同寬的杯子喝咖啡，入口後會直接流入舌頭後段，將先感受到苦味。

店家資訊 Shop Data
地址：_____
_____
電話：_____
營業：_____
店休：_____

No.22

今 / 日 / 咖 / 啡 / _____

店 / 名 / _____ 日 / 期 / _____

搭配甜點 Sweets _____

話咖啡 COFFEE

舌頭中間兩側對酸味很靈敏，以杯口較杯底寬的杯子喝時，咖啡入口後會在口腔擴散至兩側，因此先感受到酸味。

店家資訊 Shop Data

地址：_____

_____

電話：_____

營業：_____

店休：_____

咖啡風味 Tasting Comment

香氣 ▶ ①-②-③-④-⑤

甜度 ▶ ①-②-③-④-⑤

酸度 ▶ ①-②-③-④-⑤

苦度 ▶ ①-②-③-④-⑤

餘韻 ▶ ①-②-③-④-⑤

我的感想 My Review

氛圍 ▶ ① ② ③ ④ ⑤

服務 ▶ ① ② ③ ④ ⑤

價格 ▶ ① ② ③ ④ ⑤

總評 ▶ _____分

再訪 ▶ □ 會 / □ 不會

私筆記 Note _____

_____

_____

_____

今 / 日 / 咖 / 啡 / _____

店 / 名 / _____ 日 / 期 / _____

搭配甜點 Sweets _____

咖啡風味 Tasting Comment

香氣 ▶ ①-②-③-④-⑤-
甜度 ▶ ①-②-③-④-⑤-
酸度 ▶ ①-②-③-④-⑤-
苦度 ▶ ①-②-③-④-⑤-
餘韻 ▶ ①-②-③-④-⑤-

私筆記 Note
_____
_____
_____
_____

我的感想 My Review

氛圍 ▶ ① ② ③ ④ ⑤
服務 ▶ ① ② ③ ④ ⑤
價格 ▶ ① ② ③ ④ ⑤
總評 ▶ _____分
再訪 ▶ □ 會 / □ 不會

話咖啡 COFFEE

黑咖啡有幫助燃燒脂肪的
效果,而且幾乎不含卡路
里(約4卡),可以說是
減重飲品。

店家資訊 Shop Data
地址:
_____
電話:
營業:
店休:

No.24

今 / 日 / 咖 / 啡 / _____

店 / 名 / _____ 日 / 期 / _____

搭配甜點 Sweets _____

店家資訊 Shop Data

地址:_____

_____

電話:_____

營業:_____

店休:_____

咖啡風味 Tasting Comment

香氣 ▶ ①-②-③-④-⑤

甜度 ▶ ①-②-③-④-⑤

酸度 ▶ ①-②-③-④-⑤

苦度 ▶ ①-②-③-④-⑤

餘韻 ▶ ①-②-③-④-⑤

私筆記 Note

_____

_____

_____

_____

我的感想 My Review

氛圍 ▶ ①②③④⑤

服務 ▶ ①②③④⑤

價格 ▶ ①②③④⑤

總評 ▶ _____分

再訪 ▶ □ 會 / □ 不會

今 / 日 / 咖 / 啡 / _____

店 / 名 / _____ 日 / 期 / _____

搭配甜點 Sweets _____

咖啡風味 Tasting Comment

香氣 ▶ ①-②-③-④-⑤

甜度 ▶ ①-②-③-④-⑤

酸度 ▶ ①-②-③-④-⑤

苦度 ▶ ①-②-③-④-⑤

餘韻 ▶ ①-②-③-④-⑤

私筆記 Note

_____

_____

_____

_____

我的感想 My Review

氛圍 ▶ ① ② ③ ④ ⑤

服務 ▶ ① ② ③ ④ ⑤

價格 ▶ ① ② ③ ④ ⑤

總評 ▶ _____ 分

再訪 ▶ ☐ 會 / ☐ 不會

話咖啡 COFFEE

品嚐咖啡前，可以先喝一口冰水漱口，清除口腔的異味後再喝。

店家資訊 Shop Data

地址： _____

_____

電話： _____

營業： _____

店休： _____

No.26

今/日/咖/啡/ _____

店/名/ _____ 日/期/ _____

搭配甜點 Sweets _____

店家資訊 Shop Data

地址： _____

_____

電話： _____

營業： _____

店休： _____

咖啡風味 Tasting Comment

香氣 ▶ ①-②-③-④-⑤

甜度 ▶ ①-②-③-④-⑤

酸度 ▶ ①-②-③-④-⑤

苦度 ▶ ①-②-③-④-⑤

餘韻 ▶ ①-②-③-④-⑤

我的感想 My Review

氛圍 ▶ ①②③④⑤

服務 ▶ ①②③④⑤

價格 ▶ ①②③④⑤

總評 ▶ _____ 分

再訪 ▶ □ 會 / □ 不會

私筆記 Note

_____

_____

_____

_____

今 / 日 / 咖 / 啡 / _____

店 / 名 / _____ 日 / 期 / _____

搭配甜點 Sweets _____

咖啡風味 Tasting Comment

香氣 ▶ ①-②-③-④-⑤-

甜度 ▶ ①-②-③-④-⑤-

酸度 ▶ ①-②-③-④-⑤-

苦度 ▶ ①-②-③-④-⑤-

餘韻 ▶ ①-②-③-④-⑤-

私筆記 Note _____

_____

_____

_____

我的感想 My Review

氛圍 ▶ ① ② ③ ④ ⑤

服務 ▶ ① ② ③ ④ ⑤

價格 ▶ ① ② ③ ④ ⑤

總評 ▶ _____分

再訪 ▶ □ 會 / □ 不會

話咖啡 COFFEE

喜愛品嚐濃郁咖啡口味的話，曼特寧、瓜地馬拉安堤瓜、黃金曼特寧和夏威夷可娜咖啡等，一定讓你滿足。

店家資訊 Shop Data

地址：_____

_____

電話：_____

營業：_____

店休：_____

No.28

今 / 日 / 咖 / 啡 / _____

店 / 名 / _____　日 / 期 / _____

搭配甜點 Sweets _____

話咖啡 COFFEE

咖啡教母爾娜．肯努森（Erna Knutsen）：「忠於咖啡最原始的風味，是我的格言。」

店家資訊 Shop Data

地址：_____

_____

電話：_____

營業：_____

店休：_____

咖啡風味 Tasting Comment

香氣 ▶ ①-②-③-④-⑤

甜度 ▶ ①-②-③-④-⑤

酸度 ▶ ①-②-③-④-⑤

苦度 ▶ ①-②-③-④-⑤

餘韻 ▶ ①-②-③-④-⑤

我的感想 My Review

氛圍 ▶ ① ② ③ ④ ⑤

服務 ▶ ① ② ③ ④ ⑤

價格 ▶ ① ② ③ ④ ⑤

總評 ▶ _____分

再訪 ▶ □ 會 / □ 不會

私筆記 Note

_____

_____

_____

_____

036
037

今日咖啡 ＿＿＿＿＿＿＿＿＿＿＿＿＿＿＿＿＿＿＿

店名 ＿＿＿＿＿＿＿＿＿＿＿＿　日期 ＿＿＿＿＿＿＿＿＿＿

搭配甜點 Sweets ＿＿＿＿＿＿＿＿＿＿＿＿＿＿＿＿＿＿＿

咖啡風味 Testing Comment

香氣 ▶ ①-②-③-④-⑤
甜度 ▶ ①-②-③-④-⑤
酸度 ▶ ①-②-③-④-⑤
苦度 ▶ ①-②-③-④-⑤
餘韻 ▶ ①-②-③-④-⑤

我的感想 My Review

氛圍 ▶ ① ② ③ ④ ⑤
服務 ▶ ① ② ③ ④ ⑤
價格 ▶ ① ② ③ ④ ⑤
總評 ▶ ＿＿＿＿＿分
再訪 ▶ □ 會 / □ 不會

話咖啡 COFFEE

咖啡杯容量常見的有：120～140c.c. 的標準杯、60～70c.c. 的濃縮咖啡杯、160～180c.c. 的早安咖啡杯，以及再大的馬克杯或歐蕾咖啡杯。

私筆記 Note

＿＿＿＿＿＿＿＿＿＿＿＿＿＿＿＿＿＿＿＿＿＿＿＿＿＿＿
＿＿＿＿＿＿＿＿＿＿＿＿＿＿＿＿＿＿＿＿＿＿＿＿＿＿＿
＿＿＿＿＿＿＿＿＿＿＿＿＿＿＿＿＿＿＿＿＿＿＿＿＿＿＿
＿＿＿＿＿＿＿＿＿＿＿＿＿＿＿＿＿＿＿＿＿＿＿＿＿＿＿

店家資訊 Shop Data

地址：＿＿＿＿＿＿＿＿＿＿＿
＿＿＿＿＿＿＿＿＿＿＿＿＿＿
電話：＿＿＿＿＿＿＿＿＿＿＿
營業：＿＿＿＿＿＿＿＿＿＿＿
店休：＿＿＿＿＿＿＿＿＿＿＿

No.30

今 / 日 / 咖 / 啡 / _____

店 / 名 / _____ 日 / 期 / _____

搭配甜點 Sweets _____

咖啡風味 Tasting Comment

香氣 ▶ ①-②-③-④-⑤-
甜度 ▶ ①-②-③-④-⑤-
酸度 ▶ ①-②-③-④-⑤-
苦度 ▶ ①-②-③-④-⑤-
餘韻 ▶ ①-②-③-④-⑤-

我的感想 My Review

氛圍 ▶ ① ② ③ ④ ⑤
服務 ▶ ① ② ③ ④ ⑤
價格 ▶ ① ② ③ ④ ⑤
總評 ▶ _____ 分
再訪 ▶ □ 會 / □ 不會

店家資訊 Shop Data

地址：_____

_____

電話：_____

營業：_____

店休：_____

私筆記 Note

_____

_____

_____

_____

100 CUPS OF COFFEE 100杯咖啡記錄

No.31

今 / 日 / 咖 / 啡 / _____

店 / 名 / _____ 日 / 期 / _____

搭配甜點 Sweets _____

咖啡風味 Tasting Comment

香氣 ▶ ①-②-③-④-⑤-
甜度 ▶ ①-②-③-④-⑤-
酸度 ▶ ①-②-③-④-⑤-
苦度 ▶ ①-②-③-④-⑤-
餘韻 ▶ ①-②-③-④-⑤-

我的感想 My Review

氛圍 ▶ ①②③④⑤
服務 ▶ ①②③④⑤
價格 ▶ ①②③④⑤
總評 ▶ _____分
再訪 ▶ □會 / □不會

話咖啡 COFFEE

沖煮好的咖啡自然風味迷人，但別忘了在研磨後，先聞聞咖啡豆的獨特香氣。

私筆記 Note

_____
_____
_____
_____

店家資訊 Shop Data

地址： _____

電話： _____
營業： _____
店休： _____

No.32

今 I 日 I 咖 I 啡 I ＿＿＿＿＿＿＿＿＿＿＿＿＿＿＿＿＿＿＿＿＿＿

店 I 名 I ＿＿＿＿＿＿＿＿＿＿＿ 日 I 期 I ＿＿＿＿＿＿＿＿

搭配甜點 Sweets ＿＿＿＿＿＿＿＿＿＿＿＿＿＿＿＿＿＿＿＿＿

話咖啡 COFFEE

咖啡教母爾娜・肯努森(Erna
Knutsen)在《茶與咖啡貿易期
刊中》，提出精品咖啡「在特定
的氣候與地理環境下種植，具
有特殊風味的咖啡豆」的概念。

店家資訊 Shop Data

地址：＿＿＿＿＿＿＿＿＿＿＿

＿＿＿＿＿＿＿＿＿＿＿＿＿＿

電話：＿＿＿＿＿＿＿＿＿＿＿

營業：＿＿＿＿＿＿＿＿＿＿＿

店休：＿＿＿＿＿＿＿＿＿＿＿

咖啡風味 Tasting Comment

香氣 ▶ ①-②-③-④-⑤-

甜度 ▶ ①-②-③-④-⑤-

酸度 ▶ ①-②-③-④-⑤-

苦度 ▶ ①-②-③-④-⑤-

餘韻 ▶ ①-②-③-④-⑤-

私筆記 Note

＿＿＿＿＿＿＿＿＿＿＿＿＿＿＿＿＿＿＿＿＿

＿＿＿＿＿＿＿＿＿＿＿＿＿＿＿＿＿＿＿＿＿

＿＿＿＿＿＿＿＿＿＿＿＿＿＿＿＿＿＿＿＿＿

＿＿＿＿＿＿＿＿＿＿＿＿＿＿＿＿＿＿＿＿＿

我的感想 My Review

氛圍 ▶ ① ② ③ ④ ⑤

服務 ▶ ① ② ③ ④ ⑤

價格 ▶ ① ② ③ ④ ⑤

總評 ▶ ＿＿＿＿＿分

再訪 ▶ □ 會 / □ 不會

100 CUPS OF COFFEE
100杯咖啡記錄

今﹒日﹒咖﹒啡﹒

店﹒名﹒   日﹒期﹒

搭配甜點 Sweets

咖啡風味 Tasting Comment

香氣 ▶ ①-②-③-④-⑤-

甜度 ▶ ①-②-③-④-⑤-

酸度 ▶ ①-②-③-④-⑤-

苦度 ▶ ①-②-③-④-⑤-

餘韻 ▶ ①-②-③-④-⑤-

我的感想 My Review

氛圍 ▶ ① ② ③ ④ ⑤

服務 ▶ ① ② ③ ④ ⑤

價格 ▶ ① ② ③ ④ ⑤

總評 ▶ _____分

再訪 ▶ □ 會 / □ 不會

話咖啡 COFFEE

像藍山、曼特寧這類單品咖啡，會因為氣候、產地、咖啡樹、土壤和水質的不同，產生獨特的風味，這些差異也正是品嚐的樂趣。

私筆記 Note

店家資訊 Shop Data

地址：

電話：

營業：

店休：

No.34

今 I 日 I 咖 I 啡 I _____

店 I 名 I _____ 日 I 期 I _____

搭配甜點 Sweets _____

店家資訊 Shop Data

地址：_____

_____

電話：_____

營業：_____

店休：_____

咖啡風味 Tasting Comment

香氣 ▶ ①-②-③-④-⑤-

甜度 ▶ ①-②-③-④-⑤-

酸度 ▶ ①-②-③-④-⑤-

苦度 ▶ ①-②-③-④-⑤-

餘韻 ▶ ①-②-③-④-⑤-

私筆記 Note

_____

_____

_____

_____

我的感想 My Review

氛圍 ▶ ① ② ③ ④ ⑤

服務 ▶ ① ② ③ ④ ⑤

價格 ▶ ① ② ③ ④ ⑤

總評 ▶ _____ 分

再訪 ▶ □ 會 / □ 不會

今 l 日 l 咖 l 啡 l _____

店 l 名 l _____ 日 l 期 l _____

搭配甜點 Sweets _____

咖啡風味 Tasting Comment

香氣 ▶ ①-②-③-④-⑤-
甜度 ▶ ①-②-③-④-⑤-
酸度 ▶ ①-②-③-④-⑤-
苦度 ▶ ①-②-③-④-⑤-
餘韻 ▶ ①-②-③-④-⑤-

私筆記 Note
_____
_____
_____

我的感想 My Review

氛圍 ▶ ① ② ③ ④ ⑤
服務 ▶ ① ② ③ ④ ⑤
價格 ▶ ① ② ③ ④ ⑤
總評 ▶ _____ 分
再訪 ▶ □ 會 / □ 不會

話咖啡 COFFEE

剛煮好端上來的咖啡，
溫度比較高，散發陣陣
美妙的香氣，所以飲用
前聞一下咖啡香，讓嗅
覺得到最佳享受。

店家資訊 Shop Data

地址：_____
_____
電話：_____
營業：_____
店休：_____

No.36

今 / 日 / 咖 / 啡 / _____

店 / 名 / _____ 日 / 期 / _____

搭配甜點 Sweets _____

店家資訊 Shop Data

地址：_____

_____

電話：_____

營業：_____

店休：_____

咖啡風味 Tasting Comment

香氣 ▶ ①-②-③-④-⑤-

甜度 ▶ ①-②-③-④-⑤-

酸度 ▶ ①-②-③-④-⑤-

苦度 ▶ ①-②-③-④-⑤-

餘韻 ▶ ①-②-③-④-⑤-

私筆記 Note

_____

_____

_____

我的感想 My Review

氛圍 ▶ ① ② ③ ④ ⑤

服務 ▶ ① ② ③ ④ ⑤

價格 ▶ ① ② ③ ④ ⑤

總評 ▶ _____分

再訪 ▶ □ 會 / □ 不會

100 CUPS OF COFFEE
100杯咖啡記錄

No.37

今｜日｜咖｜啡｜ _____

店｜名｜ _____ 日｜期｜ _____

搭配甜點 Sweets _____

咖啡風味 Tasting Comment

香氣 ▶ ①-②-③-④-⑤

甜度 ▶ ①-②-③-④-⑤

酸度 ▶ ①-②-③-④-⑤

苦度 ▶ ①-②-③-④-⑤

餘韻 ▶ ①-②-③-④-⑤

私筆記 Note _____

_____

_____

_____

我的感想 My Review

氛圍 ▶ ①②③④⑤

服務 ▶ ①②③④⑤

價格 ▶ ①②③④⑤

總評 ▶ _____ 分

再訪 ▶ □會 ╱ □不會

話咖啡 COFFEE

「只是一杯咖啡啊！卻讓我覺得人生這樣就已足夠，不必再更好了。」——痞子蔡

店家資訊 Shop Data

地址： _____

_____

電話： _____

營業： _____

店休： _____

No.38

今丨日丨咖丨啡丨 _____

店丨名丨 _____ 日丨期丨 _____

搭配甜點 Sweets _____

話咖啡 COFFEE

「如果早晨不喝咖啡，
我將心力枯竭，像是一
塊乾癟的烤羊肉。」——
作曲家巴哈

店家資訊 Shop Data

地址：_____

_____

電話：_____

營業：_____

店休：_____

咖啡風味 Tasting Comment

香氣 ▶ ①-②-③-④-⑤-

甜度 ▶ ①-②-③-④-⑤-

酸度 ▶ ①-②-③-④-⑤-

苦度 ▶ ①-②-③-④-⑤-

餘韻 ▶ ①-②-③-④-⑤-

我的感想 My Review

氛圍 ▶ ① ② ③ ④ ⑤

服務 ▶ ① ② ③ ④ ⑤

價格 ▶ ① ② ③ ④ ⑤

總評 ▶ _____分

再訪 ▶ □ 會 / □ 不會

私筆記 Note

_____

_____

_____

_____

今 / 日 / 咖 / 啡 / _____

店 / 名 / _____ 日 / 期 / _____

搭配甜點 Sweets _____

咖啡風味 Tasting Comment

香氣 ▶ ①-②-③-④-⑤-
甜度 ▶ ①-②-③-④-⑤-
酸度 ▶ ①-②-③-④-⑤-
苦度 ▶ ①-②-③-④-⑤-
餘韻 ▶ ①-②-③-④-⑤-

私筆記 Note

_____
_____
_____
_____

我的感想 My Review

氛圍 ▶ ① ② ③ ④ ⑤
服務 ▶ ① ② ③ ④ ⑤
價格 ▶ ① ② ③ ④ ⑤
總評 ▶ _____分
再訪 ▶ □ 會 / □ 不會

話咖啡 COFFEE

「不喝咖啡我是不會笑的。」——克拉克・蓋伯（Clark Gable）

店家資訊 Shop Data

地址：_____
_____
電話：_____
營業：_____
店休：_____

No.40

今 / 日 / 咖 / 啡 / _____

店 / 名 / _____ 日 / 期 / _____

搭配甜點 Sweets _____

店家資訊 Shop Data

地址：_____

_____

電話：_____

營業：_____

店休：_____

咖啡風味 Tasting Comment

香氣 ▶ ①-②-③-④-⑤-

甜度 ▶ ①-②-③-④-⑤-

酸度 ▶ ①-②-③-④-⑤-

苦度 ▶ ①-②-③-④-⑤-

餘韻 ▶ ①-②-③-④-⑤-

我的感想 My Review

氛圍 ▶ ① ② ③ ④ ⑤

服務 ▶ ① ② ③ ④ ⑤

價格 ▶ ① ② ③ ④ ⑤

總評 ▶ _____ 分

再訪 ▶ □ 會 / □ 不會

私筆記 Note

_____

_____

_____

_____

100 CUPS OF COFFEE
100杯咖啡記錄

No.41

今 / 日 / 咖 / 啡 / ＿＿＿＿＿＿＿＿＿＿＿＿＿＿＿＿＿＿＿＿

店 / 名 / ＿＿＿＿＿＿＿＿＿＿＿＿＿　日 / 期 / ＿＿＿＿＿＿＿＿＿＿

搭配甜點 Sweets ＿＿＿＿＿＿＿＿＿＿＿＿＿＿＿＿＿＿＿

咖啡風味 Tasting Comment

香氣 ▶ ①-②-③-④-⑤
甜度 ▶ ①-②-③-④-⑤
酸度 ▶ ①-②-③-④-⑤
苦度 ▶ ①-②-③-④-⑤
餘韻 ▶ ①-②-③-④-⑤

私筆記 Note

＿＿＿＿＿＿＿＿＿＿＿＿＿＿＿＿＿＿＿＿
＿＿＿＿＿＿＿＿＿＿＿＿＿＿＿＿＿＿＿＿
＿＿＿＿＿＿＿＿＿＿＿＿＿＿＿＿＿＿＿＿

我的感想 My Review

氛圍 ▶ ①②③④⑤
服務 ▶ ①②③④⑤
價格 ▶ ①②③④⑤
總評 ▶ ＿＿＿＿＿分
再訪 ▶ □ 會 / □ 不會

話咖啡 COFFEE

每個國家的咖啡文化不同，在法國，重視的是喝咖啡的環境與氛圍；義大利人則是將咖啡當作精神食糧，整日咖啡不離手。

店家資訊 Shop Data

地址：＿＿＿＿＿＿＿＿＿＿＿
＿＿＿＿＿＿＿＿＿＿＿＿＿＿＿
電話：＿＿＿＿＿＿＿＿＿＿＿
營業：＿＿＿＿＿＿＿＿＿＿＿
店休：＿＿＿＿＿＿＿＿＿＿＿

No.42

今 / 日 / 咖 / 啡 / _____

店 / 名 / _____ 日 / 期 / _____

搭配甜點 Sweets _____

店家資訊 Shop Data

地址：_____

_____

電話：_____

營業：_____

店休：_____

咖啡風味 Tasting Comment

香氣 ▶ ①-②-③-④-⑤

甜度 ▶ ①-②-③-④-⑤

酸度 ▶ ①-②-③-④-⑤

苦度 ▶ ①-②-③-④-⑤

餘韻 ▶ ①-②-③-④-⑤

私筆記 Note

_____

_____

_____

_____

我的感想 My Review

氛圍 ▶ ① ② ③ ④ ⑤

服務 ▶ ① ② ③ ④ ⑤

價格 ▶ ① ② ③ ④ ⑤

總評 ▶ _____分

再訪 ▶ □ 會 / □ 不會

No.43

今 / 日 / 咖 / 啡 / _____

店 / 名 / _____ 日 / 期 / _____

搭配甜點 Sweets _____

話咖啡 COFFEE

創建於 1760 年的羅馬老希臘咖啡館（antico caffè greco），店內如藝廊般的裝飾，數百年來吸引著拜倫、歌德等名人與一般大眾，品嚐咖啡與歲月的風味。

No.44

今 / 日 / 咖 / 啡 / _____

店 / 名 / _____ 日 / 期 / _____

搭配甜點 Sweets _____

店家資訊 Shop Data

地址：_____

_____

電話：_____

營業：_____

店休：_____

咖啡風味 Tasting Comment

香氣 ▶ ①-②-③-④-⑤-

甜度 ▶ ①-②-③-④-⑤-

酸度 ▶ ①-②-③-④-⑤-

苦度 ▶ ①-②-③-④-⑤-

餘韻 ▶ ①-②-③-④-⑤-

我的感想 My Review

氛圍 ▶ ① ② ③ ④ ⑤

服務 ▶ ① ② ③ ④ ⑤

價格 ▶ ① ② ③ ④ ⑤

總評 ▶ _____ 分

再訪 ▶ □ 會 / □ 不會

私筆記 Note

_____

_____

_____

_____

No.45

今 | 日 | 咖 | 啡 | _____

店 | 名 | _____ 日 | 期 | _____

搭配甜點 Sweets _____

咖啡風味 Tasting Comment

香氣 ▶ ①-②-③-④-⑤

甜度 ▶ ①-②-③-④-⑤

酸度 ▶ ①-②-③-④-⑤

苦度 ▶ ①-②-③-④-⑤

餘韻 ▶ ①-②-③-④-⑤

私筆記 Note _____

_____

_____

_____

我的感想 My Review

氛圍 ▶ ① ② ③ ④ ⑤

服務 ▶ ① ② ③ ④ ⑤

價格 ▶ ① ② ③ ④ ⑤

總評 ▶ _____ 分

再訪 ▶ □ 會 / □ 不會

話咖啡 COFFEE

品嚐咖啡的原味，不加奶和糖、適量飲用、使用品質佳的新鮮咖啡豆，注意這些小事項，讓你健康享受咖啡。

店家資訊 Shop Data

地址： _____

電話： _____

營業： _____

店休： _____

No.46

今 | 日 | 咖 | 啡 | _____

店 | 名 | _____ 日 | 期 | _____

搭配甜點 Sweets _____

話咖啡 COFFEE

巴黎的咖啡沙龍是詩人、
畫家和藝術家們最喜愛聚
集的公共場所之一,他們
在此獲得靈感,許多偉大
的作品都在此誕生。

店家資訊 Shop Data

地址:
_____

_____

電話:
_____

營業:
_____

店休:
_____

咖啡風味 Tasting Comment

香氣 ▶ ①-②-③-④-⑤
甜度 ▶ ①-②-③-④-⑤
酸度 ▶ ①-②-③-④-⑤
苦度 ▶ ①-②-③-④-⑤
餘韻 ▶ ①-②-③-④-⑤

私筆記 Note

_____

_____

_____

我的感想 My Review

氛圍 ▶ ① ② ③ ④ ⑤
服務 ▶ ① ② ③ ④ ⑤
價格 ▶ ① ② ③ ④ ⑤
總評 ▶ _____分
再訪 ▶ □ 會 / □ 不會

054
055

100 CUPS OF COFFEE
100杯咖啡記錄

No.47

今/日/咖/啡/ _____

店/名/ _____ 日/期/ _____

搭配甜點 Sweets _____

咖啡風味 Tasting Comment

香氣 ▸ ①-②-③-④-⑤-
甜度 ▸ ①-②-③-④-⑤-
酸度 ▸ ①-②-③-④-⑤-
苦度 ▸ ①-②-③-④-⑤-
餘韻 ▸ ①-②-③-④-⑤-

我的感想 My Review

氛圍 ▸ ① ② ③ ④ ⑤
服務 ▸ ① ② ③ ④ ⑤
價格 ▸ ① ② ③ ④ ⑤
總評 ▸ _____分
再訪 ▸ □會 / □不會

話咖啡 COFFEE

象 豆（elephant bean）是馬拉果吉佩變種的俗名，是世界上體型最大的咖啡豆。酸味弱、甜度高、層次豐富。

私筆記 Note
_____
_____
_____
_____

店家資訊 Shop Data

地址：_____
_____

電話：_____

營業：_____

店休：_____

No.48

今 / 日 / 咖 / 啡 / _____

店 / 名 / _____ 日 / 期 / _____

搭配甜點 Sweets _____

話咖啡 COFFEE

具有果香、草香的象糞咖啡，又叫黑
象牙咖啡，它是將咖啡果實混在大象
的飼料中給大象食用，果實在胃中發
酵、去除了苦味，然後在其排出的糞
便中挑出，再經過處理成咖啡豆。

店家資訊 Shop Data

地址：_____

_____

電話：_____

營業：_____

店休：_____

咖啡風味 Tasting Comment

香氣 ▶ ①-②-③-④-⑤-

甜度 ▶ ①-②-③-④-⑤-

酸度 ▶ ①-②-③-④-⑤-

苦度 ▶ ①-②-③-④-⑤-

餘韻 ▶ ①-②-③-④-⑤-

我的感想 My Review

氛圍 ▶ ① ② ③ ④ ⑤

服務 ▶ ① ② ③ ④ ⑤

價格 ▶ ① ② ③ ④ ⑤

總評 ▶ _____ 分

再訪 ▶ □ 會 / □ 不會

私筆記 Note

_____

_____

_____

_____

No.49

今﹒日﹒咖﹒啡﹒ _____

店﹒名﹒ _____ 日﹒期﹒ _____

搭配甜點 Sweets _____

咖啡風味 Tasting Comment

香氣 ▶ ①-②-③-④-⑤-
甜度 ▶ ①-②-③-④-⑤-
酸度 ▶ ①-②-③-④-⑤-
苦度 ▶ ①-②-③-④-⑤-
餘韻 ▶ ①-②-③-④-⑤-

我的感想 My Review

氛圍 ▶ ① ② ③ ④ ⑤
服務 ▶ ① ② ③ ④ ⑤
價格 ▶ ① ② ③ ④ ⑤
總評 ▶ _____ 分
再訪 ▶ □ 會 / □ 不會

話咖啡 COFFEE

陳年咖啡豆是指仍保有內果皮（可保護果實），放在原產地，經過特殊的儲存方式而產生濃厚風味的豆子。

私筆記 Note

_____
_____
_____

店家資訊 Shop Data

地址：_____
_____

電話：_____

營業：_____

店休：_____

No.50

今/日/咖/啡/ _____

店/名/ _____ 日/期/ _____

搭配甜點 Sweets _____

店家資訊 Shop Data

地址: _____

_____

電話: _____

營業: _____

店休: _____

咖啡風味 Tasting Comment

香氣 ▶ ①-②-③-④-⑤-

甜度 ▶ ①-②-③-④-⑤-

酸度 ▶ ①-②-③-④-⑤-

苦度 ▶ ①-②-③-④-⑤-

餘韻 ▶ ①-②-③-④-⑤-

我的感想 My Review

氛圍 ▶ ① ② ③ ④ ⑤

服務 ▶ ① ② ③ ④ ⑤

價格 ▶ ① ② ③ ④ ⑤

總評 ▶ _____ 分

再訪 ▶ □ 會 / □ 不會

私筆記 Note _____

_____

_____

_____

No.51

今 / 日 / 咖 / 啡 / _____

店 / 名 / _____ 日 / 期 / _____

搭配甜點 Sweets _____

咖啡風味 Tasting Comment

香氣 ▶ ①-②-③-④-⑤

甜度 ▶ ①-②-③-④-⑤

酸度 ▶ ①-②-③-④-⑤

苦度 ▶ ①-②-③-④-⑤

餘韻 ▶ ①-②-③-④-⑤

私筆記 Note _____
_____
_____
_____

我的感想 My Review

氛圍 ▶ ① ② ③ ④ ⑤

服務 ▶ ① ② ③ ④ ⑤

價格 ▶ ① ② ③ ④ ⑤

總評 ▶ _____分

再訪 ▶ □ 會 / □ 不會

話咖啡 COFFEE

如果咖啡太燙，可以用咖啡匙稍微攪拌，或者一會兒再喝，用嘴吹涼咖啡是比較不禮貌的方法，應該避免。

店家資訊 Shop Data

地址：_____
_____
電話：_____
營業：_____
店休：_____

No.52

今 / 日 / 咖 / 啡 / _____

店 / 名 / _____ 日 / 期 / _____

搭配甜點 Sweets _____

店家資訊 Shop Data

地址：_____

_____

電話：_____

營業：_____

店休：_____

咖啡風味 Tasting Comment

香氣 ▶ ①-②-③-④-⑤

甜度 ▶ ①-②-③-④-⑤

酸度 ▶ ①-②-③-④-⑤

苦度 ▶ ①-②-③-④-⑤

餘韻 ▶ ①-②-③-④-⑤

私筆記 Note

_____

_____

_____

_____

我的感想 My Review

氛圍 ▶ ① ② ③ ④ ⑤

服務 ▶ ① ② ③ ④ ⑤

價格 ▶ ① ② ③ ④ ⑤

總評 ▶ _____分

再訪 ▶ □ 會 / □ 不會

No.53

今 / 日 / 咖 / 啡 / _____

店 / 名 / _____ 日 / 期 / _____

搭配甜點 Sweets _____

咖啡風味 Tasting Comment

香氣 ► ①-②-③-④-⑤

甜度 ► ①-②-③-④-⑤

酸度 ► ①-②-③-④-⑤

苦度 ► ①-②-③-④-⑤

餘韻 ► ①-②-③-④-⑤

私筆記 Note

_____

_____

_____

_____

我的感想 My Review

氛圍 ► ① ② ③ ④ ⑤

服務 ► ① ② ③ ④ ⑤

價格 ► ① ② ③ ④ ⑤

總評 ► _____分

再訪 ► □ 會 / □ 不會

話咖啡 COFFEE

由日本人發揚光大的炭燒咖啡屬於重烘焙咖啡，苦味重、幾乎無酸味、入口香醇且甘甜，擁有一批愛好者。

店家資訊 Shop Data

地址： _____

電話： _____

營業： _____

店休： _____

No.54

今 l 日 l 咖 l 啡 l _____

店 l 名 l _____ 日 l 期 l _____

搭配甜點 Sweets _____

話咖啡 COFFEE

習慣喝花式咖啡的人剛開
始嘗試單品咖啡時，可能
會因為酸、苦等風味而不
習慣，先別急著加糖、奶，
慢慢感受各種味道吧！

店家資訊 Shop Data

地址：_____

_____

電話：_____

營業：_____

店休：_____

咖啡風味 Tasting Comment

香氣 ▶ ①-②-③-④-⑤

甜度 ▶ ①-②-③-④-⑤

酸度 ▶ ①-②-③-④-⑤

苦度 ▶ ①-②-③-④-⑤

餘韻 ▶ ①-②-③-④-⑤

我的感想 My Review

氛圍 ▶ ① ② ③ ④ ⑤

服務 ▶ ① ② ③ ④ ⑤

價格 ▶ ① ② ③ ④ ⑤

總評 ▶ _____分

再訪 ▶ □ 會 / □ 不會

私筆記 Note

_____

_____

_____

_____

No.55

今 l 日 l 咖 l 啡 l _____

店 l 名 l _____ 日 l 期 l _____

搭配甜點 Sweets _____

咖啡風味 Tasting Comment

香氣 ▶ ①-②-③-④-⑤
甜度 ▶ ①-②-③-④-⑤
酸度 ▶ ①-②-③-④-⑤
苦度 ▶ ①-②-③-④-⑤
餘韻 ▶ ①-②-③-④-⑤

私筆記 Note _____
_____
_____
_____

我的感想 My Review

氛圍 ▶ ① ② ③ ④ ⑤
服務 ▶ ① ② ③ ④ ⑤
價格 ▶ ① ② ③ ④ ⑤
總評 ▶ _____ 分
再訪 ▶ □ 會 / □ 不會

話咖啡 COFFEE

美味的咖啡適量為佳，
一天三杯為限（仍得視
自己的健康狀況調整），
避免暢飲，以免造成身
體的負擔。

店家資訊 Shop Data
地址：_____
_____
電話：_____
營業：_____
店休：_____

No.56

今/日/咖/啡/ _____

店/名/ _____ 日/期/ _____

搭配甜點 Sweets _____

話咖啡 COFFEE

越南是亞洲地區很早開始飲用咖啡的地方，鋁製滴漏的濾杯，重烘焙咖啡加上煉乳，形成獨特的風味。

店家資訊 Shop Data

地址：_____

_____

電話：_____

營業：_____

店休：_____

咖啡風味 Tasting Comment

香氣 ▶ ①-②-③-④-⑤
甜度 ▶ ①-②-③-④-⑤
酸度 ▶ ①-②-③-④-⑤
苦度 ▶ ①-②-③-④-⑤
餘韻 ▶ ①-②-③-④-⑤

我的感想 My Review

氛圍 ▶ ① ② ③ ④ ⑤
服務 ▶ ① ② ③ ④ ⑤
價格 ▶ ① ② ③ ④ ⑤
總評 ▶ _____分
再訪 ▶ □ 會 / □ 不會

私筆記 Note

_____

_____

_____

100 CUPS OF COFFEE
100杯咖啡 記錄

No.57

今 / 日 / 咖 / 啡 / _____

店 / 名 / _____ 日 / 期 / _____

搭配甜點 Sweets _____

咖啡風味 Tasting Comment

香氣 ▶ ①-②-③-④-⑤

甜度 ▶ ①-②-③-④-⑤

酸度 ▶ ①-②-③-④-⑤

苦度 ▶ ①-②-③-④-⑤

餘韻 ▶ ①-②-③-④-⑤

私筆記 Note

_____

_____

_____

_____

我的感想 My Review

氛圍 ▶ ① ② ③ ④ ⑤

服務 ▶ ① ② ③ ④ ⑤

價格 ▶ ① ② ③ ④ ⑤

總評 ▶ _____分

再訪 ▶ □會 / □不會

話咖啡 COFFEE

從健康方面來看,用餐後是飲用咖啡的絕佳時機(但晚餐後避免),有助消化、振奮精神。

店家資訊 Shop Data

地址：

_____

電話：

營業：

店休：

No.58

今 | 日 | 咖 | 啡 | _____

店 | 名 | _____   日 | 期 | _____

搭配甜點 Sweets _____

店家資訊 Shop Data

地址：_____

_____

電話：_____

營業：_____

店休：_____

咖啡風味 Tasting Comment

香氣 ▶ ①-②-③-④-⑤-

甜度 ▶ ①-②-③-④-⑤-

酸度 ▶ ①-②-③-④-⑤-

苦度 ▶ ①-②-③-④-⑤-

餘韻 ▶ ①-②-③-④-⑤-

我的感想 My Review

氛圍 ▶ ① ② ③ ④ ⑤

服務 ▶ ① ② ③ ④ ⑤

價格 ▶ ① ② ③ ④ ⑤

總評 ▶ _____分

再訪 ▶ □ 會 / □ 不會

私筆記 Note

_____

_____

_____

No.59

今 / 日 / 咖 / 啡 / ＿＿＿＿＿＿＿＿＿＿＿＿＿＿＿＿＿＿＿＿＿＿

店 / 名 / ＿＿＿＿＿＿＿＿＿＿＿＿　　日 / 期 / ＿＿＿＿＿＿＿＿＿＿

搭配甜點 Sweets ＿＿＿＿＿＿＿＿＿＿＿＿＿＿＿＿＿＿＿＿

咖啡風味 Tasting Comment

香氣 ▶ ①-②-③-④-⑤
甜度 ▶ ①-②-③-④-⑤
酸度 ▶ ①-②-③-④-⑤
苦度 ▶ ①-②-③-④-⑤
餘韻 ▶ ①-②-③-④-⑤

私筆記 Note ＿＿＿＿＿＿＿＿＿＿＿＿＿＿＿＿＿＿＿

＿＿＿＿＿＿＿＿＿＿＿＿＿＿＿＿＿＿＿＿＿＿＿＿＿

＿＿＿＿＿＿＿＿＿＿＿＿＿＿＿＿＿＿＿＿＿＿＿＿＿

＿＿＿＿＿＿＿＿＿＿＿＿＿＿＿＿＿＿＿＿＿＿＿＿＿

我的感想 My Review

氛圍 ▶ ①②③④⑤
服務 ▶ ①②③④⑤
價格 ▶ ①②③④⑤
總評 ▶ ＿＿＿＿＿分
再訪 ▶ □ 會 / □ 不會

話咖啡 COFFEE

當咖啡上桌，先聞溢香，
也就是品味香氣，再慢慢
小口飲用，別急著吞，讓
咖啡在口腔中擴散，才能
感受到細微的風味變化。

店家資訊 Shop Data

地址：＿＿＿＿＿＿＿＿＿

電話：＿＿＿＿＿＿＿＿＿

營業：＿＿＿＿＿＿＿＿＿

店休：＿＿＿＿＿＿＿＿＿

No.60

今 / 日 / 咖 / 啡 / _____

店 / 名 / _____ 日 / 期 / _____

搭配甜點 Sweets _____

店家資訊 Shop Data

地址：_____

_____

電話：_____

營業：_____

店休：_____

咖啡風味 Tasting Comment

香氣 ▶ ①-②-③-④-⑤

甜度 ▶ ①-②-③-④-⑤

酸度 ▶ ①-②-③-④-⑤

苦度 ▶ ①-②-③-④-⑤

餘韻 ▶ ①-②-③-④-⑤

我的感想 My Review

氛圍 ▶ ① ② ③ ④ ⑤

服務 ▶ ① ② ③ ④ ⑤

價格 ▶ ① ② ③ ④ ⑤

總評 ▶ _____分

再訪 ▶ □ 會 / □ 不會

私筆記 Note

_____

_____

_____

_____

今 / 日 / 咖 / 啡 / _____

店 / 名 / _____ 日 / 期 / _____

搭配甜點 Sweets _____

咖啡風味 Tasting Comment

香氣 ▶ ①-②-③-④-⑤-

甜度 ▶ ①-②-③-④-⑤-

酸度 ▶ ①-②-③-④-⑤-

苦度 ▶ ①-②-③-④-⑤-

餘韻 ▶ ①-②-③-④-⑤-

我的感想 My Review

氛圍 ▶ ① ② ③ ④ ⑤

服務 ▶ ① ② ③ ④ ⑤

價格 ▶ ① ② ③ ④ ⑤

總評 ▶ _____ 分

再訪 ▶ □ 會 / □ 不會

私筆記 Note _____

_____

_____

_____

話咖啡 COFFEE

法國著名的咖啡館多歷史悠久，
像花神咖啡館（café de flore）、雙
叟咖啡館（les deux magots）、
波寇咖啡館（le procope）等，是
旅遊時放鬆的好地方。

店家資訊 Shop Data

地址：_____

_____

電話：_____

營業：_____

店休：_____

No.62

今 / 日 / 咖 / 啡 / _____

店 / 名 / _____ 日 / 期 / _____

搭配甜點 Sweets _____

店家資訊 Shop Data

地址:_____

電話:_____

營業:_____

店休:_____

咖啡風味 Tasting Comment

香氣 ▶ ①-②-③-④-⑤

甜度 ▶ ①-②-③-④-⑤

酸度 ▶ ①-②-③-④-⑤

苦度 ▶ ①-②-③-④-⑤

餘韻 ▶ ①-②-③-④-⑤

我的感想 My Review

氛圍 ▶ ① ② ③ ④ ⑤

服務 ▶ ① ② ③ ④ ⑤

價格 ▶ ① ② ③ ④ ⑤

總評 ▶ _____分

再訪 ▶ □ 會 / □ 不會

私筆記 Note

_____

_____

_____

_____

今 / 日 / 咖 / 啡 / _____

店 / 名 / _____ 日 / 期 / _____

搭配甜點 Sweets _____

咖啡風味 Tasting Comment

香氣 ▶ ①-②-③-④-⑤

甜度 ▶ ①-②-③-④-⑤

酸度 ▶ ①-②-③-④-⑤

苦度 ▶ ①-②-③-④-⑤

餘韻 ▶ ①-②-③-④-⑤

我的感想 My Review

氛圍 ▶ ① ② ③ ④ ⑤

服務 ▶ ① ② ③ ④ ⑤

價格 ▶ ① ② ③ ④ ⑤

總評 ▶ _____分

再訪 ▶ □ 會 / □ 不會

私筆記 Note

_____

_____

_____

_____

話咖啡 COFFEE

土耳其咖啡又叫阿拉伯咖啡，是將極細咖啡粉、水和糖加入土耳其壺中煮，煮好後咖啡粉會沉入壺底，不會濾出，所以飲用時可能會喝到粉渣。

店家資訊 Shop Data

地址：_____

電話：_____

營業：_____

店休：_____

No.64

今｜日｜咖｜啡｜ _____

店｜名｜ _____   日｜期｜ _____

搭配甜點 Sweets _____

店家資訊 Shop Data

地址： _____

電話： _____

營業： _____

店休： _____

咖啡風味 Tasting Comment

香氣 ▶ ①-②-③-④-⑤

甜度 ▶ ①-②-③-④-⑤

酸度 ▶ ①-②-③-④-⑤

苦度 ▶ ①-②-③-④-⑤

餘韻 ▶ ①-②-③-④-⑤

我的感想 My Review

氛圍 ▶ ①②③④⑤

服務 ▶ ①②③④⑤

價格 ▶ ①②③④⑤

總評 ▶ _____分

再訪 ▶ □ 會 / □ 不會

私筆記 Note

_____

_____

_____

_____

今 / 日 / 咖 / 啡 / _____

店 / 名 / _____ 日 / 期 / _____

搭配甜點 Sweets _____

咖啡風味 Tasting Comment

香氣 ► ①-②-③-④-⑤

甜度 ► ①-②-③-④-⑤

酸度 ► ①-②-③-④-⑤

苦度 ► ①-②-③-④-⑤

餘韻 ► ①-②-③-④-⑤

私筆記 Note _____

_____

_____

_____

我的感想 My Review

氛圍 ► ① ② ③ ④ ⑤

服務 ► ① ② ③ ④ ⑤

價格 ► ① ② ③ ④ ⑤

總評 ► _____ 分

再訪 ► □ 會 / □ 不會

話咖啡 COFFEE

鄰近的日本也愛好咖啡。約在 1641 年，當時仍為鎖國的日本，在有限的通商管道下，經在長崎的荷蘭商館帶入日本。

店家資訊 Shop Data

地址： _____

_____

電話： _____

營業： _____

店休： _____

No.66

今I日I咖I啡I _____

店I名I _____ 日I期I _____

搭配甜點 Sweets _____

店家資訊 Shop Data

地址:_____

_____

電話:_____

營業:_____

店休:_____

咖啡風味 Tasting Comment

香氣 ▶ ①-②-③-④-⑤-

甜度 ▶ ①-②-③-④-⑤-

酸度 ▶ ①-②-③-④-⑤-

苦度 ▶ ①-②-③-④-⑤-

餘韻 ▶ ①-②-③-④-⑤-

私筆記 Note _____

_____

_____

_____

我的感想 My Review

氛圍 ▶ ① ② ③ ④ ⑤

服務 ▶ ① ② ③ ④ ⑤

價格 ▶ ① ② ③ ④ ⑤

總評 ▶ _____分

再訪 ▶ □ 會 / □ 不會

No.67

今｜日｜咖｜啡｜＿＿＿＿＿＿＿＿＿＿＿＿＿

店｜名｜＿＿＿＿＿＿＿＿＿＿ 日｜期｜＿＿＿＿＿＿＿＿

搭配甜點 Sweets ＿＿＿＿＿＿＿＿＿＿＿＿＿＿＿

咖啡風味 Tasting Comment

香氣 ▶ ①-②-③-④-⑤-
甜度 ▶ ①-②-③-④-⑤-
酸度 ▶ ①-②-③-④-⑤-
苦度 ▶ ①-②-③-④-⑤-
餘韻 ▶ ①-②-③-④-⑤-

私筆記 Note
＿＿＿＿＿＿＿＿＿＿＿＿＿＿＿＿
＿＿＿＿＿＿＿＿＿＿＿＿＿＿＿＿
＿＿＿＿＿＿＿＿＿＿＿＿＿＿＿＿
＿＿＿＿＿＿＿＿＿＿＿＿＿＿＿＿

我的感想 My Review

氛圍 ▶ ①②③④⑤
服務 ▶ ①②③④⑤
價格 ▶ ①②③④⑤
總評 ▶ ＿＿＿＿分
再訪 ▶ □會 / □不會

店家資訊 Shop Data
地址：＿＿＿＿＿＿＿＿＿

＿＿＿＿＿＿＿＿＿＿＿＿
電話：＿＿＿＿＿＿＿＿＿
營業：＿＿＿＿＿＿＿＿＿
店休：＿＿＿＿＿＿＿＿＿

話咖啡 COFFEE

在歐洲，常見將茴香放入
咖啡中飲用；而在阿拉伯
世界，喜歡將豆蔻加入咖
啡中品嚐。

No.68

今 l 日 l 咖 l 啡 l _____

店 l 名 l _____ 日 l 期 l _____

搭配甜點 Sweets _____

◤ 話咖啡 COFFEE ◢

與單品咖啡不同，綜合
咖啡豆（blend）是以特
殊比例混合不同產地、
烘焙程度的咖啡豆，以
達到特定的風味與口感。

店家資訊 Shop Data

地址：_____

_____

電話：_____

營業：_____

店休：_____

咖啡風味 Tasting Comment

香氣 ▶ ①-②-③-④-⑤

甜度 ▶ ①-②-③-④-⑤

酸度 ▶ ①-②-③-④-⑤

苦度 ▶ ①-②-③-④-⑤

餘韻 ▶ ①-②-③-④-⑤

我的感想 My Review

氛圍 ▶ ① ② ③ ④ ⑤

服務 ▶ ① ② ③ ④ ⑤

價格 ▶ ① ② ③ ④ ⑤

總評 ▶ _____ 分

再訪 ▶ □ 會 / □ 不會

私筆記 Note

_____

_____

_____

No.69

今 / 日 / 咖 / 啡 / ＿＿＿＿＿＿＿＿＿＿＿＿＿＿＿＿＿＿

店 / 名 / ＿＿＿＿＿＿＿＿＿＿＿　日 / 期 / ＿＿＿＿＿＿＿＿

搭配甜點 Sweets ＿＿＿＿＿＿＿＿＿＿＿＿＿＿＿＿＿

咖啡風味 Tasting Comment

香氣 ▶ ①-②-③-④-⑤
甜度 ▶ ①-②-③-④-⑤
酸度 ▶ ①-②-③-④-⑤
苦度 ▶ ①-②-③-④-⑤
餘韻 ▶ ①-②-③-④-⑤

私筆記 Note ＿＿＿＿＿＿＿＿＿＿＿

＿＿＿＿＿＿＿＿＿＿＿＿＿＿＿＿＿＿
＿＿＿＿＿＿＿＿＿＿＿＿＿＿＿＿＿＿
＿＿＿＿＿＿＿＿＿＿＿＿＿＿＿＿＿＿

我的感想 My Review

氛圍 ▶ ① ② ③ ④ ⑤
服務 ▶ ① ② ③ ④ ⑤
價格 ▶ ① ② ③ ④ ⑤
總評 ▶ ＿＿＿＿＿分
再訪 ▶ □ 會 / □ 不會

話咖啡 COFFEE

莫札特一坐下來就能喝完一壺咖啡，貝多芬則堅持每杯咖啡都得以 50 顆咖啡豆製成，音樂家們對咖啡的喜愛，讓創作靈感更源源不絕。

店家資訊 Shop Data

地址：＿＿＿＿＿＿＿＿＿＿

＿＿＿＿＿＿＿＿＿＿＿＿＿＿
電話：＿＿＿＿＿＿＿＿＿＿
營業：＿＿＿＿＿＿＿＿＿＿
店休：＿＿＿＿＿＿＿＿＿＿

No.70

今 I 日 I 咖 I 啡 I _____

店 I 名 I _____   日 I 期 I _____

搭配甜點 Sweets _____

店家資訊 Shop Data

地址：_____

_____

電話：_____

營業：_____

店休：_____

咖啡風味 Tasting Comment

香氣 ▶ ①-②-③-④-⑤

甜度 ▶ ①-②-③-④-⑤

酸度 ▶ ①-②-③-④-⑤

苦度 ▶ ①-②-③-④-⑤

餘韻 ▶ ①-②-③-④-⑤

我的感想 My Review

氛圍 ▶ ① ② ③ ④ ⑤

服務 ▶ ① ② ③ ④ ⑤

價格 ▶ ① ② ③ ④ ⑤

總評 ▶ _____分

再訪 ▶ □ 會 / □ 不會

私筆記 Note

_____

_____

_____

No.71

今 / 日 / 咖 / 啡 / _____

店 / 名 / _____ 日 / 期 / _____

搭配甜點 Sweets _____

咖啡風味 Tasting Comment

香氣 ► ①-②-③-④-⑤
甜度 ► ①-②-③-④-⑤
酸度 ► ①-②-③-④-⑤
苦度 ► ①-②-③-④-⑤
餘韻 ► ①-②-③-④-⑤

私筆記 Note _____

_____

_____

_____

我的感想 My Review

氛圍 ► ①②③④⑤
服務 ► ①②③④⑤
價格 ► ①②③④⑤
總評 ► _____分
再訪 ► □會 / □不會

店家資訊 Shop Data
地址： _____
_____
電話： _____
營業： _____
店休： _____

No.72

今I日I咖I啡I _____

店I名I _____ 日I期I _____

搭配甜點 Sweets _____

店家資訊 Shop Data

地址:_____

_____

電話:_____

營業:_____

店休:_____

咖啡風味 Tasting Comment

香氣 ▶ ①-②-③-④-⑤

甜度 ▶ ①-②-③-④-⑤

酸度 ▶ ①-②-③-④-⑤

苦度 ▶ ①-②-③-④-⑤

餘韻 ▶ ①-②-③-④-⑤

我的感想 My Review

氛圍 ▶ ① ② ③ ④ ⑤

服務 ▶ ① ② ③ ④ ⑤

價格 ▶ ① ② ③ ④ ⑤

總評 ▶ _____分

再訪 ▶ □ 會 / □ 不會

私筆記 Note

_____

_____

_____

_____

今 / 日 / 咖 / 啡 / _____

店 / 名 / _____ 日 / 期 / _____

搭配甜點 Sweets _____

咖啡風味 Tasting Comment

香氣 ▶ ①-②-③-④-⑤

甜度 ▶ ①-②-③-④-⑤

酸度 ▶ ①-②-③-④-⑤

苦度 ▶ ①-②-③-④-⑤

餘韻 ▶ ①-②-③-④-⑤

私筆記 Note _____
_____
_____
_____

我的感想 My Review

氛圍 ▶ ① ② ③ ④ ⑤

服務 ▶ ① ② ③ ④ ⑤

價格 ▶ ① ② ③ ④ ⑤

總評 ▶ _____ 分

再訪 ▶ □ 會 / □ 不會

話咖啡 COFFEE

在許多義大利的咖啡館中，服務生端上咖啡時，會附上一根肉桂棒，可以用來攪拌咖啡，或撒上肉桂粉，增添風味。

店家資訊 Shop Data

地址：_____
_____

電話：_____

營業：_____

店休：_____

No.74

今 / 日 / 咖 / 啡 / _____

店 / 名 / _____ 日 / 期 / _____

搭配甜點 Sweets _____

店家資訊 Shop Data

地址：_____

_____

電話：_____

營業：_____

店休：_____

咖啡風味 Tasting Comment

香氣 ▶ ①-②-③-④-⑤-

甜度 ▶ ①-②-③-④-⑤-

酸度 ▶ ①-②-③-④-⑤-

苦度 ▶ ①-②-③-④-⑤-

餘韻 ▶ ①-②-③-④-⑤-

私筆記 Note

_____

_____

_____

我的感想 My Review

氛圍 ▶ ① ② ③ ④ ⑤

服務 ▶ ① ② ③ ④ ⑤

價格 ▶ ① ② ③ ④ ⑤

總評 ▶ _____ 分

再訪 ▶ □ 會 / □ 不會

No.75

今 / 日 / 咖 / 啡 / ＿＿＿＿＿＿＿＿＿＿＿＿＿＿＿＿＿＿＿＿＿＿＿

店 / 名 / ＿＿＿＿＿＿＿＿＿＿＿＿　　日 / 期 / ＿＿＿＿＿＿＿＿＿＿＿

搭配甜點 Sweets ＿＿＿＿＿＿＿＿＿＿＿＿＿＿＿＿＿＿＿＿＿

咖啡風味 Tasting Comment

香氣 ▶ ①-②-③-④-⑤
甜度 ▶ ①-②-③-④-⑤
酸度 ▶ ①-②-③-④-⑤
苦度 ▶ ①-②-③-④-⑤
餘韻 ▶ ①-②-③-④-⑤

私筆記 Note ＿＿＿＿＿＿＿＿＿＿＿＿＿＿＿＿＿＿

＿＿＿＿＿＿＿＿＿＿＿＿＿＿＿＿＿＿＿＿＿＿＿＿

＿＿＿＿＿＿＿＿＿＿＿＿＿＿＿＿＿＿＿＿＿＿＿＿

＿＿＿＿＿＿＿＿＿＿＿＿＿＿＿＿＿＿＿＿＿＿＿＿

我的感想 My Review

氛圍 ▶ ① ② ③ ④ ⑤
服務 ▶ ① ② ③ ④ ⑤
價格 ▶ ① ② ③ ④ ⑤
總評 ▶ ＿＿＿＿＿分
再訪 ▶ □ 會 / □ 不會

話咖啡 COFFEE

近年來因科技發達，已可將咖啡渣萃取出油脂，做成洗髮精和護髮乳。此外，也有廠商開發出以咖啡渣製作羽絨衣。

店家資訊 Shop Data

地址：＿＿＿＿＿＿＿＿＿＿

＿＿＿＿＿＿＿＿＿＿＿＿＿＿

電話：＿＿＿＿＿＿＿＿＿＿

營業：＿＿＿＿＿＿＿＿＿＿

店休：＿＿＿＿＿＿＿＿＿＿

No.76

今 / 日 / 咖 / 啡 / _____

店 / 名 / _____ 日 / 期 / _____

搭配甜點 Sweets _____

話咖啡 COFFEE

咖啡香氣總是讓人振奮精神。早晨來杯咖啡，不管是花式或單品咖啡，都是一天美好的開始。

店家資訊 Shop Data

地址：_____

_____

電話：_____

營業：_____

店休：_____

咖啡風味 Tasting Comment

香氣 ▶ ①-②-③-④-⑤-

甜度 ▶ ①-②-③-④-⑤-

酸度 ▶ ①-②-③-④-⑤-

苦度 ▶ ①-②-③-④-⑤-

餘韻 ▶ ①-②-③-④-⑤-

私筆記 Note

_____

_____

_____

我的感想 My Review

氛圍 ▶ ① ② ③ ④ ⑤

服務 ▶ ① ② ③ ④ ⑤

價格 ▶ ① ② ③ ④ ⑤

總評 ▶ _____ 分

再訪 ▶ □ 會 / □ 不會

今 / 日 / 咖 / 啡 / _____

店 / 名 / _____ 日 / 期 / _____

搭配甜點 Sweets _____

咖啡風味 Tasting Comment

香氣 ▶ ①-②-③-④-⑤
甜度 ▶ ①-②-③-④-⑤
酸度 ▶ ①-②-③-④-⑤
苦度 ▶ ①-②-③-④-⑤
餘韻 ▶ ①-②-③-④-⑤

我的感想 My Review

氛圍 ▶ ①②③④⑤
服務 ▶ ①②③④⑤
價格 ▶ ①②③④⑤
總評 ▶ _____分
再訪 ▶ □會 / □不會

話咖啡 COFFEE

無論是 coffee、café、コーヒー、Kahve、커피，咖啡是世界各地都很受歡迎的優雅飲品。

私筆記 Note
_____
_____
_____

店家資訊 Shop Data
地址：_____
_____
電話：_____
營業：_____
店休：_____

No.78

今1日1咖1啡1 _____

店1名1 _____   日1期1 _____

搭配甜點 Sweets _____

店家資訊 Shop Data

地址： _____

_____

電話： _____

營業： _____

店休： _____

咖啡風味 Tasting Comment

香氣 ▶ ①-②-③-④-⑤

甜度 ▶ ①-②-③-④-⑤

酸度 ▶ ①-②-③-④-⑤

苦度 ▶ ①-②-③-④-⑤

餘韻 ▶ ①-②-③-④-⑤

私筆記 Note

_____

_____

_____

我的感想 My Review

氛圍 ▶ ①②③④⑤

服務 ▶ ①②③④⑤

價格 ▶ ①②③④⑤

總評 ▶ _____分

再訪 ▶ □會 / □不會

今 / 日 / 咖 / 啡 / _____

店 / 名 / _____ 日 / 期 / _____

搭配甜點 Sweets _____

咖啡風味 Tasting Comment

香氣 ▶ ①-②-③-④-⑤
甜度 ▶ ①-②-③-④-⑤
酸度 ▶ ①-②-③-④-⑤
苦度 ▶ ①-②-③-④-⑤
餘韻 ▶ ①-②-③-④-⑤

我的感想 My Review

氛圍 ▶ ① ② ③ ④ ⑤
服務 ▶ ① ② ③ ④ ⑤
價格 ▶ ① ② ③ ④ ⑤
總評 ▶ _____ 分
再訪 ▶ □ 會 / □ 不會

話咖啡 COFFEE

咖啡樹的果實最初是綠色，成熟後轉為紅色，直徑約 1.5 公分，外表似櫻桃，所以也有人稱它為咖啡櫻桃（coffee cherry）。

私筆記 Note

_____
_____
_____

店家資訊 Shop Data

地址：_____

電話：_____
營業：_____
店休：_____

No.80

今 / 日 / 咖 / 啡 / _____

店 / 名 / _____ 日 / 期 / _____

搭配甜點 Sweets _____

話咖啡 COFFEE

咖啡樹也會開花喔！時節一到，開滿白色的五瓣花朵，陣陣花香有別於咖啡香。

店家資訊 Shop Data

地址：_____

_____

電話：_____

營業：_____

店休：_____

咖啡風味 Tasting Comment

香氣 ▶ ①-②-③-④-⑤-

甜度 ▶ ①-②-③-④-⑤-

酸度 ▶ ①-②-③-④-⑤-

苦度 ▶ ①-②-③-④-⑤-

餘韻 ▶ ①-②-③-④-⑤-

私筆記 Note

_____

_____

_____

_____

我的感想 My Review

氛圍 ▶ ① ② ③ ④ ⑤

服務 ▶ ① ② ③ ④ ⑤

價格 ▶ ① ② ③ ④ ⑤

總評 ▶ _____ 分

再訪 ▶ □ 會 / □ 不會

No.81

今 / 日 / 咖 / 啡 / _____

店 / 名 / _____ 日 / 期 / _____

搭配甜點 Sweets _____

咖啡風味 Tasting Comment

香氣 ▶ ①-②-③-④-⑤-
甜度 ▶ ①-②-③-④-⑤-
酸度 ▶ ①-②-③-④-⑤-
苦度 ▶ ①-②-③-④-⑤-
餘韻 ▶ ①-②-③-④-⑤-

私筆記 Note
_____
_____
_____
_____

我的感想 My Review

氛圍 ▶ ① ② ③ ④ ⑤
服務 ▶ ① ② ③ ④ ⑤
價格 ▶ ① ② ③ ④ ⑤
總評 ▶ _____ 分
再訪 ▶ □ 會 / □ 不會

話咖啡 COFFEE

台灣早期知名的咖啡館，
像波麗露、山水亭和天馬
茶房，是文人、藝術家聚
集、藝術作品展覽之處，
也是記者資訊交流的地方。

店家資訊 Shop Data
地址：_____
_____
電話：_____
營業：_____
店休：_____

No.82

今1日1咖1啡1 _____

店1名1 _____ 日1期1 _____

搭配甜點 Sweets _____

店家資訊 Shop Data

地址： _____

電話： _____

營業： _____

店休： _____

咖啡風味 Tasting Comment

香氣 ▶ ①-②-③-④-⑤-

甜度 ▶ ①-②-③-④-⑤-

酸度 ▶ ① ② ③ ④ ⑤

苦度 ▶ ①-②-③-④-⑤-

餘韻 ▶ ①-②-③-④-⑤-

我的感想 My Review

氛圍 ▶ ① ② ③ ④ ⑤

服務 ▶ ① ② ③ ④ ⑤

價格 ▶ ① ② ③ ④ ⑤

總評 ▶ _____分

再訪 ▶ □ 會 / □ 不會

私筆記 Note

_____

_____

_____

_____

100 CUPS
OF COFFEE
100杯咖啡
記錄

No.83

今 / 日 / 咖 / 啡 / _____

店 / 名 / _____ 日 / 期 / _____

搭配甜點 Sweets _____

咖啡風味 Tasting Comment

香氣 ▶ ①-②-③-④-⑤
甜度 ▶ ①-②-③-④-⑤
酸度 ▶ ①-②-③-④-⑤
苦度 ▶ ①-②-③-④-⑤
餘韻 ▶ ①-②-③-④-⑤

私筆記 Note
_____
_____
_____
_____

我的感想 My Review

氛圍 ▶ ① ② ③ ④ ⑤
服務 ▶ ① ② ③ ④ ⑤
價格 ▶ ① ② ③ ④ ⑤
總評 ▶ _____ 分
再訪 ▶ □ 會 / □ 不會

話咖啡 COFFEE

咖啡館除了好喝的咖啡吸引
人,環境和擺設也很重要,自
然風、療癒系、現代感、雜貨
風或者像家一樣的咖啡館,哪
一種最讓你流連忘返呢?

店家資訊 Shop Data
地址:_____
_____
電話:_____
營業:_____
店休:_____

No.84

今/日/咖/啡/ _____

店/名/ _____　　日/期/ _____

搭配甜點 Sweets _____

話咖啡 COFFEE

一杯美味的咖啡，一張
舒適的椅子，一本好書。
離開喧囂的人潮，難得
的假日，咖啡館就是我
第二個家。

店家資訊 Shop Data

地址： _____

_____

電話： _____

營業： _____

店休： _____

咖啡風味 Tasting Comment

香氣 ▶ ①-②-③-④-⑤

甜度 ▶ ①-②-③-④-⑤

酸度 ▶ ①-②-③-④-⑤

苦度 ▶ ①-②-③-④-⑤

餘韻 ▶ ①-②-③-④-⑤

私筆記 Note

_____

_____

_____

_____

我的感想 My Review

氛圍 ▶ ①②③④⑤

服務 ▶ ①②③④⑤

價格 ▶ ①②③④⑤

總評 ▶ _____分

再訪 ▶ □會 / □不會

今 l 日 l 咖 l 啡 l ＿＿＿＿＿＿＿＿＿＿＿＿＿＿＿＿＿＿＿＿＿＿

店 l 名 l ＿＿＿＿＿＿＿＿＿＿＿　日 l 期 l ＿＿＿＿＿＿＿＿＿

搭配甜點 Sweets ＿＿＿＿＿＿＿＿＿＿＿＿＿＿＿＿＿＿

咖啡風味 Tasting Comment

香氣 ▶ ①-②-③-④-⑤

甜度 ▶ ①-②-③-④-⑤

酸度 ▶ ①-②-③-④-⑤

苦度 ▶ ①-②-③-④-⑤

餘韻 ▶ ①-②-③-④-⑤

私筆記 Note

＿＿＿＿＿＿＿＿＿＿＿＿＿＿＿＿＿＿＿＿＿

＿＿＿＿＿＿＿＿＿＿＿＿＿＿＿＿＿＿＿＿＿

＿＿＿＿＿＿＿＿＿＿＿＿＿＿＿＿＿＿＿＿＿

我的感想 My Review

氛圍 ▶ ① ② ③ ④ ⑤

服務 ▶ ① ② ③ ④ ⑤

價格 ▶ ① ② ③ ④ ⑤

總評 ▶ ＿＿＿＿＿分

再訪 ▶ □ 會 / □ 不會

話咖啡 COFFEE

位於台北市武昌街的明星咖啡館(店名「Astoria」,是俄語「明星」的意思),是五、六○年代台北的高級咖啡館,時代氣息的擺設和復古的氛圍,有別於時下的咖啡館,提供咖啡愛好者另一種選擇。

店家資訊 Shop Data

地址：＿＿＿＿＿＿＿＿＿＿＿＿＿

＿＿＿＿＿＿＿＿＿＿＿＿＿＿＿＿

電話：＿＿＿＿＿＿＿＿＿＿＿＿＿

營業：＿＿＿＿＿＿＿＿＿＿＿＿＿

店休：＿＿＿＿＿＿＿＿＿＿＿＿＿

No.86

今 / 日 / 咖 / 啡 / _____

店 / 名 / _____ 日 / 期 / _____

搭配甜點 Sweets _____

店家資訊 Shop Data

地址：_____

_____

電話：_____

營業：_____

店休：_____

咖啡風味 Tasting Comment

香氣 ▶ ①-②-③-④-⑤

甜度 ▶ ①-②-③-④-⑤

酸度 ▶ ①-②-③-④-⑤

苦度 ▶ ①-②-③-④-⑤

餘韻 ▶ ①-②-③-④-⑤

我的感想 My Review

氛圍 ▶ ① ② ③ ④ ⑤

服務 ▶ ① ② ③ ④ ⑤

價格 ▶ ① ② ③ ④ ⑤

總評 ▶ _____ 分

再訪 ▶ □ 會 / □ 不會

私筆記 Note

_____

_____

_____

_____

No.87

今 | 日 | 咖 | 啡 | _____

店 | 名 | _____ 日 | 期 | _____

搭配甜點 Sweets _____

咖啡風味 Tasting Comment

香氣 ▶ ①-②-③-④-⑤-
甜度 ▶ ①-②-③-④-⑤-
酸度 ▶ ①-②-③-④-⑤-
苦度 ▶ ①-②-③-④-⑤-
餘韻 ▶ ①-②-③-④-⑤-

私筆記 Note _____

_____

_____

_____

我的感想 My Review

氛圍 ▶ ① ② ③ ④ ⑤
服務 ▶ ① ② ③ ④ ⑤
價格 ▶ ① ② ③ ④ ⑤
總評 ▶ _____ 分
再訪 ▶ □ 會 / □ 不會

話咖啡 COFFEE

維也納咖啡文化館在
2011 年時,由聯合國教
科文組織(UNESCO)
頒發「世界無形文化遺
產獎」,是全球唯一。

店家資訊 Shop Data
地址:_____

_____

電話:_____
營業:_____
店休:_____

No.88

今 / 日 / 咖 / 啡 / _____

店 / 名 / _____ 日 / 期 / _____

搭配甜點 Sweets _____

話咖啡 COFFEE

《今日美國報（USA Today）》
曾評選出維也納、里斯本、奧斯
陸、哈瓦那、墨爾本、溫哥華、
西雅圖、波特蘭、聖保羅和台灣
為咖啡十大城市。

店家資訊 Shop Data

地址：
_____
_____

電話：_____

營業：_____

店休：_____

咖啡風味 Tasting Comment

香氣 ▶ ①-②-③-④-⑤-

甜度 ▶ ①-②-③-④-⑤-

酸度 ▶ ①-②-③-④-⑤-

苦度 ▶ ①-②-③-④-⑤-

餘韻 ▶ ①-②-③-④-⑤-

私筆記 Note

_____
_____
_____
_____

我的感想 My Review

氛圍 ▶ ① ② ③ ④ ⑤

服務 ▶ ① ② ③ ④ ⑤

價格 ▶ ① ② ③ ④ ⑤

總評 ▶ _____分

再訪 ▶ □ 會 ／ □ 不會

今 / 日 / 咖 / 啡 / _____

店 / 名 / _____　日 / 期 / _____

搭配甜點 Sweets _____

咖啡風味 Tasting Comment

香氣 ▶ ①-②-③-④-⑤
甜度 ▶ ①-②-③-④-⑤
酸度 ▶ ①-②-③-④-⑤
苦度 ▶ ①-②-③-④-⑤
餘韻 ▶ ①-②-③-④-⑤

私筆記 Note _____
_____
_____
_____

我的感想 My Review

氛圍 ▶ ①②③④⑤
服務 ▶ ①②③④⑤
價格 ▶ ①②③④⑤
總評 ▶ _____分
再訪 ▶ □ 會 / □ 不會

話咖啡 COFFEE

星巴克(starbucks)在 1998 年正式進入台灣，美式連鎖咖啡大熱，加上這幾年超商咖啡的推波助瀾，不分年齡層人手一杯咖啡的景況，讓咖啡漸漸進入大家的生活。

店家資訊 Shop Data
地址：_____
_____
電話：_____
營業：_____
店休：_____

No.90

今 / 日 / 咖 / 啡 / _____

店 / 名 / _____ 日 / 期 / _____

搭配甜點 Sweets _____

話咖啡 COFFEE

企業在公司的茶水間擺設咖啡機已經成為常態，除了提供免費的咖啡豆，據說韓國有些公司還有更新的政策「咖啡津貼」，對嗜飲咖啡的人簡直太幸福了。

店家資訊 Shop Data

地址：_____
_____

電話：_____

營業：_____

店休：_____

咖啡風味 Tasting Comment

香氣 ▶ ①-②-③-④-⑤

甜度 ▶ ①-②-③-④-⑤

酸度 ▶ ①-②-③-④-⑤

苦度 ▶ ①-②-③-④-⑤

餘韻 ▶ ①-②-③-④-⑤

私筆記 Note

_____
_____
_____
_____

我的感想 My Review

氛圍 ▶ ①②③④⑤

服務 ▶ ①②③④⑤

價格 ▶ ①②③④⑤

總評 ▶ _____分

再訪 ▶ □ 會 / □ 不會

098
099
A

今 | 日 | 咖 | 啡 | _____

店 | 名 | _____ 日 | 期 | _____

搭配甜點 Sweets _____

咖啡風味 Tasting Comment

香氣 ▶ ①-②-③-④-⑤

甜度 ▶ ①-②-③-④-⑤

酸度 ▶ ①-②-③-④-⑤

苦度 ▶ ①-②-③-④-⑤

餘韻 ▶ ①-②-③-④-⑤

私筆記 Note _____

_____

_____

_____

我的威想 My Review

氛圍 ▶ ① ② ③ ④ ⑤

服務 ▶ ① ② ③ ④ ⑤

價格 ▶ ① ② ③ ④ ⑤

總評 ▶ _____ 分

再訪 ▶ □ 會 / □ 不會

話咖啡 COFFEE

西雅圖是美國咖啡最重要的城市，也是大型連鎖店星巴克的總部、發源地（派克市場有第一家創始店），這兒的人一年約喝下 3,500 萬杯濃縮咖啡。

店家資訊 Shop Data

地址：_____

_____

電話：_____

營業：_____

店休：_____

No.92

今 / 日 / 咖 / 啡 / _____

店 / 名 / _____ 日 / 期 / _____

搭配甜點 Sweets _____

店家資訊 Shop Data

地址:_____

_____

電話:_____

營業:_____

店休:_____

咖啡風味 Tasting Comment

香氣 ▶ ①-②-③-④-⑤

甜度 ▶ ①-②-③-④-⑤

酸度 ▶ ①-②-③-④-⑤

苦度 ▶ ①-②-③-④-⑤

餘韻 ▶ ①-②-③-④-⑤

私筆記 Note

_____

_____

_____

_____

我的感想 My Review

氛圍 ▶ ①②③④⑤

服務 ▶ ①②③④⑤

價格 ▶ ①②③④⑤

總評 ▶ _____分

再訪 ▶ □ 會 / □ 不會

No.93

今 / 日 / 咖 / 啡 / _____

店 / 名 / _____ 日 / 期 / _____

搭配甜點 Sweets _____

咖啡風味 Tasting Comment

香氣 ▶ ①-②-③-④-⑤-
甜度 ▶ ①-②-③-④-⑤-
酸度 ▶ ①-②-③-④-⑤-
苦度 ▶ ①-②-③-④-⑤-
餘韻 ▶ ①-②-③-④-⑤-

私筆記 Note _____

_____

_____

我的感想 My Review

氛圍 ▶ ①②③④⑤
服務 ▶ ①②③④⑤
價格 ▶ ①②③④⑤
總評 ▶ _____ 分
再訪 ▶ □ 會 / □ 不會

話咖啡 COFFEE

據國際咖啡組織（ICO）的調查，日本、台灣和韓國尤其對精品豆和阿拉比卡種（arabica）的咖啡需求量較高，可見單品高質感咖啡漸漸受到許多人的青睞。

店家資訊 Shop Data
地址：_____

_____

電話：_____

營業：_____

店休：_____

No.94

今 I 日 I 咖 I 啡 I _____

店 I 名 I _____ 日 I 期 I _____

搭配甜點 Sweets _____

話咖啡 COFFEE

UCity Guides 旅遊網站評選了 10 間世界最美麗的咖啡館，1～3 名分別是：布達佩斯的紐約咖啡廳（Café New York）、威尼斯的花神咖啡館（Caffè Florian）和維也納的中央咖啡館（Café Central）。

店家資訊 Shop Data

地址：_____

_____

電話：_____

營業：_____

店休：_____

咖啡風味 Tasting Comment

香氣 ▶ ①-②-③-④-⑤

甜度 ▶ ①-②-③-④-⑤

酸度 ▶ ①-②-③-④-⑤

苦度 ▶ ①-②-③-④-⑤

餘韻 ▶ ①-②-③-④-⑤

我的感想 My Review

氛圍 ▶ ① ② ③ ④ ⑤

服務 ▶ ① ② ③ ④ ⑤

價格 ▶ ① ② ③ ④ ⑤

總評 ▶ _____ 分

再訪 ▶ □ 會 / □ 不會

私筆記 Note

_____

_____

_____

No.95

今 | 日 | 咖 | 啡 | _____

店 | 名 | _____ 日 | 期 | _____

搭配甜點 Sweets _____

話咖啡 COFFEE

第 4～6 名分別是：布拉格的帝國咖啡館（Café Imperial）、巴黎的和平咖啡館（Café De La Paix）和葡萄牙波爾圖的 Café Majestic 咖啡館。

店家資訊 Shop Data

地址： _____

電話： _____

營業： _____

店休： _____

No.96

今 / 日 / 咖 / 啡 / _____

店 / 名 / _____ 日 / 期 / _____

搭配甜點 Sweets _____

話咖啡 COFFEE

第 7 ～ 10 名分別是：里約熱內盧的哥倫布甜點店（Café Confeitaria Colombo）、那不勒斯的岡布里努斯咖啡館（Caffè Gambrinus）、布宜諾斯艾利斯的托托尼咖啡館（Café Tortoni）和羅馬的老希臘咖啡館（Antico Café Greco）。

店家資訊 Shop Data

地址：_____

電話：_____

營業：_____

店休：_____

咖啡風味 Tasting Comment

香氣 ▶ ①-②-③-④-⑤

甜度 ▶ ①-②-③-④-⑤

酸度 ▶ ①-②-③-④-⑤

苦度 ▶ ①-②-③-④-⑤

餘韻 ▶ ①-②-③-④-⑤

我的感想 My Review

氛圍 ▶ ① ② ③ ④ ⑤

服務 ▶ ① ② ③ ④ ⑤

價格 ▶ ① ② ③ ④ ⑤

總評 ▶ _____ 分

再訪 ▶ □ 會 / □ 不會

私筆記 Note

_____

_____

_____

今 / 日 / 咖 / 啡 / _____

店 / 名 / _____ 日 / 期 / _____

搭配甜點 Sweets _____

咖啡風味 Tasting Comment

香氣 ▶ ①-②-③-④-⑤

甜度 ▶ ①-②-③-④-⑤

酸度 ▶ ①-②-③-④-⑤

苦度 ▶ ①-②-③-④-⑤

餘韻 ▶ ①-②-③-④-⑤

私筆記 Note

_____

_____

_____

_____

我的感想 My Review

氛圍 ▶ ① ② ③ ④ ⑤

服務 ▶ ① ② ③ ④ ⑤

價格 ▶ ① ② ③ ④ ⑤

總評 ▶ _____ 分

再訪 ▶ □ 會 / □ 不會

話咖啡 COFFEE

呈琥珀色的咖啡液體，
明亮且清澈，可以選
用杯子內為白色的咖啡
杯，才能完美呈現美麗
的色澤。

店家資訊 Shop Data

地址：_____

_____

電話：_____

營業：_____

店休：_____

No.98

今1日1咖1啡1 ＿＿＿＿＿＿＿＿＿＿＿＿＿＿＿＿＿＿＿＿

店1名1 ＿＿＿＿＿＿＿＿＿＿＿＿＿＿ 日1期1 ＿＿＿＿＿＿＿＿＿

搭配甜點 Sweets ＿＿＿＿＿＿＿＿＿＿＿＿＿＿＿＿＿＿＿

話咖啡 COFFEE

選購咖啡杯時除了材質、形狀和顏色，也要注意杯耳(握把)。杯耳直徑太小或太靠近杯身，拿取時易被熱咖啡液燙到，須特別小心。

店家資訊 Shop Data

地址：＿＿＿＿＿＿＿＿＿＿＿＿

＿＿＿＿＿＿＿＿＿＿＿＿＿＿＿

電話：＿＿＿＿＿＿＿＿＿＿＿＿

營業：＿＿＿＿＿＿＿＿＿＿＿＿

店休：＿＿＿＿＿＿＿＿＿＿＿＿

咖啡風味 Tasting Comment

香氣 ▶ ①-②-③-④-⑤

甜度 ▶ ①-②-③-④-⑤

酸度 ▶ ①-②-③-④-⑤

苦度 ▶ ①-②-③-④-⑤

餘韻 ▶ ①-②-③-④-⑤

私筆記 Note ＿＿＿＿＿＿＿＿＿＿＿＿＿＿＿＿＿＿＿＿＿＿

＿＿＿＿＿＿＿＿＿＿＿＿＿＿＿＿＿＿＿＿＿＿＿＿＿＿＿

＿＿＿＿＿＿＿＿＿＿＿＿＿＿＿＿＿＿＿＿＿＿＿＿＿＿＿

＿＿＿＿＿＿＿＿＿＿＿＿＿＿＿＿＿＿＿＿＿＿＿＿＿＿＿

我的感想 My Review

氛圍 ▶ ①②③④⑤

服務 ▶ ①②③④⑤

價格 ▶ ①②③④⑤

總評 ▶ ＿＿＿＿＿分

再訪 ▶ □會 / □不會

100 CUPS OF COFFEE
100杯咖啡記錄

No.99

今丨日丨咖丨啡丨 _____

店丨名丨 _____ 日丨期丨 _____

搭配甜點 Sweets _____

咖啡風味 Tasting Comment

香氣 ► ①-②-③-④-⑤-
甜度 ► ①-②-③-④-⑤-
酸度 ► ①-②-③-④-⑤-
苦度 ► ①-②-③-④-⑤-
餘韻 ► ①-②-③-④-⑤-

私筆記 Note _____
_____
_____
_____

我的感想 My Review

氛圍 ► ①②③④⑤
服務 ► ①②③④⑤
價格 ► ①②③④⑤
總評 ► _____ 分
再訪 ► □會 / □不會

話咖啡 COFFEE

用來攪拌咖啡的咖啡匙，多使用不鏽鋼、瓷、木製，可耐燙、易手握，而且不會影響咖啡的風味。

店家資訊 Shop Data

地址： _____
_____
電話： _____
營業： _____
店休： _____

No.100

今*日*咖*啡* _____

店*名* _____ 日*期* _____

搭配甜點 Sweets _____

話咖啡 COFFEE

陶製、瓷製的杯子隔熱效果較佳,可輕易拿取不燙手,咖啡也不易冷卻;玻璃杯的優點是清楚呈現咖啡色澤,而且易於清洗。

店家資訊 Shop Data

地址: _____

電話: _____

營業: _____

店休: _____

咖啡風味 Tasting Comment

香氣 ▶ ①-②-③-④-⑤

甜度 ▶ ①-②-③-④-⑤

酸度 ▶ ①-②-③-④-⑤

苦度 ▶ ①-②-③-④-⑤

餘韻 ▶ ①-②-③-④-⑤

我的感想 My Review

氛圍 ▶ ① ② ③ ④ ⑤

服務 ▶ ① ② ③ ④ ⑤

價格 ▶ ① ② ③ ④ ⑤

總評 ▶ _____分

再訪 ▶ □ 會 / □ 不會

私筆記 Note

_____

_____

_____

_____

108
109
A

品嚐一杯好咖啡

香氣四溢的咖啡第一時間端上桌,令人立刻想嚐嚐它的滋味,不過千萬別急,一杯美好的單品咖啡可以試著在不同的溫度下品嚐,所以不要馬上喝完。咖啡新手們不妨參考以下的方式,慢慢享受這杯咖啡吧!當然,別忘了將這杯咖啡的風味,記在前面「100 杯咖啡記錄」表格中。

❶ 品嚐咖啡前先喝一口冰水,漱漱口,去除口中的食物殘留味或食物殘渣。

❷ 聞香氣。將咖啡靠近鼻子,慢慢聞一下香氣。

❸ 先慢慢喝一口,以舌尖在口中稍微翻動、感受咖啡的甘醇,或是其他如酸、甜、苦的滋味。

❹ 等咖啡溫度下降一些,溫一點的時候,再品嚐,看看有什麼差別。

❺ 試試看咖啡冷了之後再喝一口,是否感受又不一樣了。

COFFEE BEANS NOTE
「購買咖啡豆記錄」
寫一寫！

除了一般的咖啡豆，精品豆、莊園豆、公平交易咖啡豆、
有機咖啡豆等種類眾多，等待識貨的你去發掘。
你可以將每次購買的咖啡豆的風味記下，
找到適合自己的最佳口味。

COFFEE BEANS NOTE
購買咖啡豆記錄

咖/啡/豆/品/名/ ❶ _____

_____

_____

產/區/或/莊/園/ ❷ _____

_____

處/理/法/ ❸ _____

烘/焙/日/期/ ❹ _____

烘/焙/度/ ❺ _____

購/買/時/間/ ❻ _____

價/格/ ❼ _____

❽

萃取方式 Brew Method

❾ □手沖 , □義式濃縮 , □濾壓壺
□虹吸式 , □其他 _____

咖啡風味 Flavor

❿ 濃度 ▶ □ 淡　□ 濃

⓫ 口感 ▶ □ 溫順　□ 沉重

⓬ 香味 ▶ □ 花香 _____
　　　　 □ 果香 _____
　　　　 □ 甜香 _____

品評 Tasting Comment

❽... ⓭ 甘甜

⓮ 香氣　　　　　　　　　⓱ 醇度

1 2 3 4 5

⓯ 苦度　　　　⓰ 酸度

評價 Rating

總評 ▶ ⓲ _____ 分 , 回購 ▶ □ 會 / □ 不會 ⓳

私筆記 Note _____
⓴ _____

購買店 Shop Data
店名：　　　　地址： ㉑
電話：　　營業：　　　　　　店休：

㉒ 咖啡豆小常識TIPS

一般來說，烘焙度愈淺風味會較趨於清爽，但果酸較強，而烘焙度較深的話，苦味也會較強。所以建議選購咖啡豆前，要先了解烘焙度再買。

莊園豆、精品豆、極品豆等等，親身嘗試不同的咖啡豆，記下產區、處理法和風味，或變換沖煮器具，可以找到適合自己的咖啡。記錄時，五角形品評部分，先在線上標好點，再連起成一圖形，便能清楚呈現這款咖啡風味的評分。

① 咖啡豆品名：外包裝袋會標上產地、等級，例如：哥斯大黎加寶藏莊園豆 COE 競標（Costa Rica Finca La Guaca #33）、巴西盧義斯莊園黃波旁（Brazil Bourbon Yellow）咖啡豆等。

② 產區或莊園：咖啡豆的栽植區，例如：墨西哥客特沛（Coatepec）、瓜地馬拉安堤瓜（Guatemala Antigua）等。

③ 處理法：將咖啡果實去掉果皮，取出咖啡豆的處理過程，大致可分為水洗法、半水洗法、日曬法（自然乾燥）、蜜處理法等。

④ 烘焙日期：生豆烘焙的日期，仔細記入，掌握咖啡豆的最佳賞味期限。

⑤ 烘焙度：一般烘焙的強度可分成極淺度、淺度、中度、中度微深、中深度、深度和極深度烘焙等，咖啡豆顏色由淺灰趨向深褐，香氣則漸漸濃郁。

⑥ 購買時間：務必仔細記入時間，掌握咖啡豆的最佳賞味期限。

⑦ 價格：每半磅價格大約從 200 ～ 600 元起跳，更有數千元以上的咖啡豆。

⑧ 照片或插圖：可以選擇用插圖、手機或相機拍照後輸出，抑或拍立得，連同包裝袋一起記錄下來。

⑨ 沖煮器具：可記錄手沖、義式濃縮、濾壓壺、虹吸式或其他咖啡粉的萃取方式。

⑩ 濃度：依萃取時間、個人喜好的水量可調整咖啡液的濃淡。

⑪ 口感：咖啡入喉的感覺，是溫順或沉重。

⑫ 香味：像佛手柑、茉莉的花香；莓果、柑橘的果香；香草、巧克力的甜香等。

⑬ 甘甜：咖啡入口之後的回甘。從弱至強依序為微甜（甘）、弱甜（甘）、中甜（甘）、強甜（甘）、特甜（甘）5 個等級。

⑭ 香氣：從弱至強依序為微香、弱香、中香、濃香、特香 5 個等級。

⑮ 苦度：從弱至強依序為微苦、弱苦、中苦、強苦、特苦 5 個等級。愈重烘焙的咖啡豆愈苦。

⑯ 酸度：從弱至強依序為微酸、弱酸、中酸、強酸、特酸 5 個等級。愈重烘焙的咖啡豆酸性愈低，相反地，淺烘焙與中烘焙的咖啡豆酸性較明顯。

⑰ 醇度：咖啡入喉的豐厚質感，可分成極淡、清淡、中等、厚實、濃稠 5 個等級。

⑱ 總評：綜合各種風味，滿分是 100 分。

⑲ 回購：綜合所有評價之後，是否願意再次購買。

⑳ 私筆記：可以記下像是變換其他沖煮器具後的心得、限量咖啡豆獨特風味等。

㉑ 購買店：包含營業時間、地址、電話等資訊，詳細寫下有助於回購咖啡豆。

㉒ 咖啡豆小常識：與咖啡豆、沖煮等相關的小常識，在寫筆記的同時，更加認識咖啡豆。

COFFEE
BEANS NOTE
購買咖啡豆
記錄

咖/啡/豆/品/名/ 巴西黃波旁
(Brazil Bourbon Yellow)

產/區/或/莊/園/ 巴西
盧義斯莊園

處/理/法/ 半日曬洗

烘/焙/日/期/ 2014年12月15日

烘/焙/度/ 中烘焙

購/買/時/間/ 2014年12月20日

價/格/ 半磅530元

萃取方式 Brew Method

☑手沖 / □義式濃縮 / □濾壓壺

□虹吸式 / □其他 _____

咖啡風味 Flavor

濃度 ▶ □淡 ☑濃

口感 ▶ ☑溫順 / □沉重

香味 ▶ □花香

☑果香 檸檬香

☑甜香 香草甜香

品評 Tasting Comment

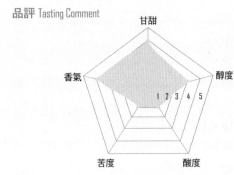

甘甜
香氣　　　醇度
　　1 2 3 4 5
苦度　　　酸度

評價 Rating

總評 ▶ 90 分 / 回購 ▶ ☑會 / □不會

私筆記 Note 今天先以手沖沖煮、口感細膩、清新、酸味與
苦味不明顯，香氣濃郁，下次打算以膠卡壺操作。

購買店 Shop Data
店名：朱雀咖啡　地址：台北市基隆路二段13-1號3樓
電話：2345-3868 營業：週一～五am9:00～pm6:00 店休：週六、日休

咖啡豆小常識 TIPS

請店家推薦一台好用的磨豆機
吧！優質的磨豆機磨好的咖啡粉
顆粒大小較均勻，萃取更平均，
風味更佳。

咖/啡/豆/品/名 <u>哥斯大黎加</u>
<u>寶藏莊園 COE 競標</u>
(Costa Rica Finca La Guaca Lot #33)

產/區/或/莊/園 <u>布倫卡莊園</u>

處/理/法 <u>日曬泡蜜處理</u>

烘/焙/日/期 <u>2014年12月15日</u>

烘/焙/度 <u>中烘焙</u>

購/買/時/間 <u>2014年12月20日</u>

價/格 <u>半磅650元</u>

萃取方式 Brew Method

☑手沖 , □義式濃縮 , □濾壓壺

□虹吸式 , □其他 _____

咖啡風味 Flavor

濃度 ▶ ☑淡 □濃

口感 ▶ ☑溫順 □沉重

香味 ▶ □花香 _____

    ☑果香 <u>草莓、葡萄、香瓜</u>

    □甜香 _____

品評 Tasting Comment

甘甜
香氣　　　　　醇度
1 2 3 4 5
苦度　　　　　酸度

評價 Rating

總評 ▶ __90__ 分 , 回購 ▶ ☑會 □不會

私筆記 Note <u>口感清爽、不酸不苦，果香豐富。</u>

咖啡豆小常識 TIPS

卓越杯（Cup of Excellence，簡稱 COE）競賽活動，是由美國卓越咖啡聯盟（ACE）主辦的計畫，每個咖啡產國一年約舉行1次競賽，大產國2次。

購買店 Shop Data

店名：313咖啡 　地址：台北市基隆路二段19-1號

電話：27725-1377 營業：週一～五am7:40~pm5:00 店休：週六、日休

認識咖啡豆 ABOUT COFFEE BEANS

咖啡豆只有在某些地區才能種植。而且，咖啡豆因產地會有不同風味。
撇開精品豆、莊園豆，認識以下幾個主要產區的咖啡豆，有助於選購自己喜歡的咖啡。
以下咖啡豆是從「香氣、苦度、酸度、醇度和甘甜」五個項目來看，
每個項目分成 3 個等級，愈接近圓圈外圍頂端，例如酸表示愈酸！

印尼曼特寧

很受台灣人歡迎的曼特寧豆，產於印尼蘇門答臘的中西部。曼特寧較為濃稠、質感厚重、酸度較低。此外，印尼蘇拉維西的咖啡豆味和蘇門答臘的曼特寧相似，但酸度略高。

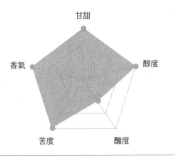

牙買加藍山

日本人的最愛。產於加勒比海的牙買加的藍山上，原是指某幾個莊園出產的咖啡豆，後來只要位在藍山山區，處理程序合乎標準的都稱為藍山咖啡。藍山咖啡豆味道甘美、柔和而滑口，是咖啡中的極品。

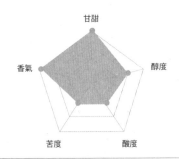

哥斯大黎加咖啡豆

因位於高緯度，咖啡豆香氣濃郁、味道溫和、酸度明顯。咖啡豆品質高。

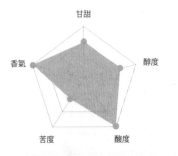

巴西山多士

最常見的「山多士」，是指從最大的山多士港口出口的咖啡豆，可能來自巴西國內的任一產區，最有名的產區是喜拉朵（Cerrado）。巴西的咖啡豆質感中等、酸度低，含豐富的油脂。

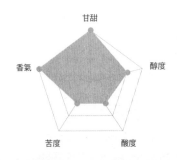

衣索比亞耶加雪菲

西達莫內的耶加雪菲所產的咖啡豆,屬小顆粒豆,品質是全衣索比亞中最優質的。帶有淡淡的茉莉、檸檬和蜂蜜香,入口甘甜。

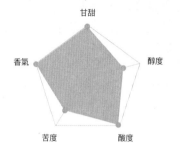

夏威夷可娜豆

夏威夷可娜島生產的可娜豆,是美國唯一生產的咖啡豆,也有人稱它為火山豆。可娜豆酸度高、口感柔順、香氣重,帶有堅果香。

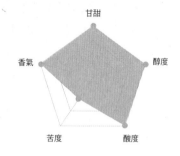

瓜地馬拉咖啡豆

質感厚重、酸度強、苦味較低是瓜地馬拉豆的特色,安堤瓜(Antigua)產地的咖啡豆最為有名。充足的日曬和高海拔,使這裡的咖啡豆帶有特殊的煙燻味和酸味,口味豐富。

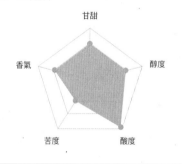

葉門摩卡

摩卡是葉門早期的咖啡出口港口,因此泛稱葉門的咖啡豆為「摩卡豆」。葉門的咖啡質感厚實、酸度高,層次豐富且帶有巧克力的香味,所以後來有加入巧克力的飲品也稱為「摩卡」。

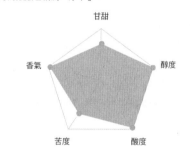

哥倫比亞焦糖口味咖啡豆

產於高山上,質感厚重、有微微的酸味和甘醇香,帶有特殊的焦糖味,多用來調配綜合咖啡豆。品質較巴西咖啡豆高,酸度也比其高。

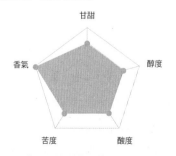

肯亞咖啡豆

質感中等、甜味適中、酸度強和帶水果香酸,愛酸味者的首選。依豆子大小可分成 AA+,接下來是 AA、AB,但與品質和產地無關。

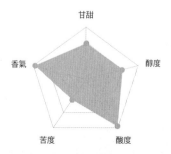

COFFEE
BEANS NOTE
購買咖啡豆
記錄

咖 / 啡 / 豆 / 品 / 名 / _____

_____

_____

產 / 區 / 或 / 莊 / 園 / _____

_____

處 / 理 / 法 / _____

烘 / 焙 / 日 / 期 / _____

烘 / 焙 / 度 / _____

購 / 買 / 時 / 間 / _____

價 / 格 / _____

萃取方式 Brew Method

□手沖 , □義式濃縮 , □濾壓壺

□虹吸式 , □其他 _____

咖啡風味 Flavor

濃度 ▶ □ 淡　□ 濃

口感 ▶ □ 溫順　□ 沉重

香味 ▶ □ 花香 _____

　　　 □ 果香 _____

　　　 □ 甜香 _____

品評 Tasting Comment

甘甜

香氣　　　1 / 2 / 3 / 4 / 5　　　醇度

苦度　　　　　　　酸度

評價 Rating

總評 ▶ _____ 分 , 回購 ▶ □ 會 , □ 不會

私筆記 Note

_____

_____

購買店 Shop Data

店名：　　　　　　地址：

_____

電話：　　　營業：　　　　　店休：

咖啡豆小常識 TIPS

購買咖啡豆時，要注意外包裝上
「烘焙日期」、「烘焙度」和「風
味」等訊息，才能買到自己喜愛
的咖啡。

咖/啡/豆/品/名/ _____

_____

_____

產/區/或/莊/園/ _____

_____

處/理/法/ _____

烘/焙/日/期/ _____

烘/焙/度/ _____

購/買/時/間/ _____

價/格/ _____

萃取方式 Brew Method

□手沖，□義式濃縮，□濾壓壺

□虹吸式，□其他 _____

咖啡風味 Flavor

濃度 ▶ □ 淡　□ 濃

口感 ▶ □ 溫順　□ 沉重

香味 ▶ □ 花香 _____

　　　　□ 果香 _____

　　　　□ 甜香 _____

品評 Tasting Comment

甘甜 / 香氣 / 醇度 / 苦度 / 酸度　1 2 3 4 5

評價 Rating

總評 ▶ _____ 分 / 回購 ▶ □ 會 □ 不會

咖啡豆小常識 TIPS

咖啡粉的保存期限短於咖啡豆，所以建議在沖煮咖啡前，再磨成咖啡粉。

私筆記 Note _____

_____

購買店 Shop Data

店名： 　　　　地址：

電話： 　　營業： 　　　　　　店休：

COFFEE BEANS NOTE
購買咖啡豆記錄

咖 / 啡 / 豆 / 品 / 名 / _____

_____

_____

產 / 區 / 或 / 莊 / 園 / _____

_____

處 / 理 / 法 / _____

烘 / 焙 / 日 / 期 / _____

烘 / 焙 / 度 / _____

購 / 買 / 時 / 間 / _____

價 / 格 / _____

萃取方式 Brew Method

□手沖 , □義式濃縮 , □濾壓壺
□虹吸式 , □其他 _____

咖啡風味 Flavor

濃度 ▶ □ 淡　□ 濃
口感 ▶ □ 溫順　□ 沉重
香味 ▶ □ 花香 _____
　　　□ 果香 _____
　　　□ 甜香 _____

品評 Tasting Comment

甘甜

香氣　　　　　　　　　　　醇度
1 2 3 4 5

苦度　　　　　　　酸度

評價 Rating

總評 ▶ _____ 分 / 回購 ▶ □ 會 / □ 不會

私筆記 Note

_____

_____

購買店 Shop Data

店名： _____　　地址： _____

電話： _____　　營業： _____　　店休： _____

咖啡豆小常識 TIPS

一般市售咖啡豆的袋子表面，多半會有一個密封單向的透氣孔洞，是為了排出咖啡豆或咖啡粉的氣體。

咖 / 啡 / 豆 / 品 / 名 / _____

_____

_____

產 / 區 / 或 / 莊 / 園 / _____

_____

處 / 理 / 法 / _____

烘 / 焙 / 日 / 期 / _____

烘 / 焙 / 度 / _____

購 / 買 / 時 / 間 / _____

價 / 格 / _____

萃取方式 Brew Method

□手沖，□義式濃縮，□濾壓壺
□虹吸式，□其他 _____

咖啡風味 Flavor

濃度 ▶ □ 淡　□ 濃

口感 ▶ □ 溫順　□ 沉重

香味 ▶ □ 花香 _____

　　　 □ 果香 _____

　　　 □ 甜香 _____

品評 Tasting Comment

甘甜

香氣　　醇度

1 2 3 4 5

苦度　　酸度

評價 Rating

總評 ▶ _____ 分，回購 ▶ □ 會，□ 不會

私筆記 Note _____

_____

購買店 Shop Data

店名：　　　　　　地址：_____

電話：　　　　營業：　　　　　　　　店休：_____

COFFEE BEANS NOTE
購買咖啡豆
記錄

咖 / 啡 / 豆 / 品 / 名 / _____

_____

_____

產 / 區 / 或 / 莊 / 園 / _____

_____

處 / 理 / 法 / _____

烘 / 焙 / 日 / 期 / _____

烘 / 焙 / 度 / _____

購 / 買 / 時 / 間 / _____

價 / 格 / _____

萃取方式 Brew Method

□手沖 , □義式濃縮 , □濾壓壺

□虹吸式 , □其他_____

咖啡風味 Flavor

濃度 ▶ □ 淡　□ 濃

口感 ▶ □ 溫順　□ 沉重

香味 ▶ □ 花香_____

　　　□ 果香_____

　　　□ 甜香_____

品評 Tasting Comment

甘甜

香氣　　　　　　　　　　　　醇度

1 2 3 4 5

苦度　　　　　　　　酸度

評價 Rating

總評 ▶ _____ 分 , 回購 ▶ □ 會 / □ 不會

私筆記 Note

_____

_____

購買店 Shop Data

店名：　　　　　　地址：

電話：　　　　營業：　　　　　　　店休：

咖 / 啡 / 豆 / 品 / 名 / ＿＿＿＿＿＿＿＿＿＿

＿＿＿＿＿＿＿＿＿＿＿＿＿＿＿＿

＿＿＿＿＿＿＿＿＿＿＿＿＿＿＿＿

產 / 區 / 或 / 莊 / 園 / ＿＿＿＿＿＿＿＿＿

＿＿＿＿＿＿＿＿＿＿＿＿＿＿＿＿

處 / 理 / 法 / ＿＿＿＿＿＿＿＿＿＿＿＿

烘 / 焙 / 日 / 期 / ＿＿＿＿＿＿＿＿＿＿

烘 / 焙 / 度 / ＿＿＿＿＿＿＿＿＿＿＿

購 / 買 / 時 / 間 / ＿＿＿＿＿＿＿＿＿

價 / 格 / ＿＿＿＿＿＿＿＿＿＿＿＿＿

萃取方式 Brew Method

□手沖 , □義式濃縮 , □濾壓壺
□虹吸式 , □其他＿＿＿＿＿＿＿＿

咖啡風味 Flavor

濃度 ▶ □ 淡　□ 濃

口感 ▶ □ 溫順　□ 沉重

香味 ▶ □ 花香＿＿＿＿＿＿＿＿＿
　　　　□ 果香＿＿＿＿＿＿＿＿＿
　　　　□ 甜香＿＿＿＿＿＿＿＿＿

品評 Tasting Comment

甘甜　醇度　酸度　苦度　香氣
1 2 3 4 5

評價 Rating

總評 ▶＿＿＿＿＿＿分 , 回購 ▶ □ 會 , □ 不會

咖啡豆小常識 TIPS

若將咖啡豆放入冰箱冷藏保存，
記得一定要密封，以免咖啡豆吸
收溼氣與臭味。

私筆記 Note

＿＿＿＿＿＿＿＿＿＿＿＿＿＿＿＿＿＿＿

＿＿＿＿＿＿＿＿＿＿＿＿＿＿＿＿＿＿＿

購買店 Shop Data

店名：　　　　　　地址：

電話：　　　　營業：　　　　　　店休：

咖/啡/豆/品/名/ _____

_____

_____

產/區/或/莊/園/ _____

_____

處/理/法/ _____

烘/焙/日/期/ _____

烘/焙/度/ _____

購/買/時/間/ _____

價/格/ _____

萃取方式 Brew Method

□手沖 , □義式濃縮 , □濾壓壺

□虹吸式 , □其他 _____

咖啡風味 Flavor

濃度 ▶ □ 淡　□ 濃

□感 ▶ □ 溫順　□ 沉重

香味 ▶ □ 花香 _____

　　　□ 果香 _____

　　　□ 甜香 _____

品評 Tasting Comment

甘甜

香氣　　　　　　　　　　醇度

1 2 3 4 5

苦度　　　　　　　酸度

評價 Rating

總評 ▶ _____ 分 , 回購 ▶ □ 會／□ 不會

私筆記 Note

_____

_____

購買店 Shop Data

店名：　　　　　　地址：

電話：　　　營業：　　　　　店休：

咖 / 啡 / 豆 / 品 / 名 / _____

_____

_____

產 / 區 / 或 / 莊 / 園 / _____

_____

處 / 理 / 法 / _____

烘 / 焙 / 日 / 期 / _____

烘 / 焙 / 度 / _____

購 / 買 / 時 / 間 / _____

價 / 格 / _____

萃取方式 Brew Method

□手沖 / □義式濃縮 / □濾壓壺

□虹吸式 / □其他 _____

咖啡風味 Flavor

濃度 ▶ □ 淡　　□ 濃

口感 ▶ □ 溫順　　□ 沉重

香味 ▶ □ 花香 _____

　　　　□ 果香 _____

　　　　□ 甜香 _____

品評 Tasting Comment

甘甜
醇度
香氣
1 2 3 4 5
苦度
酸度

評價 Rating

總評 ▶ _____ 分 / 回購 ▶ □ 會 / □ 不會

私筆記 Note

_____

_____

購買店 Shop Data

店名：　　　　　　　　　地址：

電話：　　　　　　營業：　　　　　　　　店休：

COFFEE BEANS NOTE
購買咖啡豆 記錄

咖 / 啡 / 豆 / 品 / 名 / _____

_____

_____

產 / 區 / 或 / 莊 / 園 / _____

_____

處 / 理 / 法 / _____

烘 / 焙 / 日 / 期 / _____

烘 / 焙 / 度 / _____

購 / 買 / 時 / 間 / _____

價 / 格 / _____

萃取方式 Brew Method

☐手沖 , ☐義式濃縮 , ☐濾壓壺

☐虹吸式 , ☐其他 _____

咖啡風味 Flavor

濃度 ▶ ☐ 淡　☐ 濃

口感 ▶ ☐ 溫順　☐ 沉重

香味 ▶ ☐ 花香 _____

　　　☐ 果香 _____

　　　☐ 甜香 _____

品評 Tasting Comment

甘甜
香氣　　1 2 3 4 5　　醇度
苦度　　　　　酸度

評價 Rating

總評 ▶ _____ 分 , 回購 ▶ ☐ 會 , ☐ 不會

私筆記 Note

_____

_____

購買店 Shop Data

店名：　　　　地址：

電話：　　營業：　　　　店休：

咖啡豆小常識 TIPS

咖啡豆的烘焙日期與新鮮度息息相關，購買時，依品種建議以烘焙日期算起一個月內的咖啡豆為佳，賞味時間為 10 ～ 90 天。

咖 / 啡 / 豆 / 品 / 名 / _____

_____

_____

產 / 區 / 或 / 莊 / 園 / _____

_____

處 / 理 / 法 / _____

烘 / 焙 / 日 / 期 / _____

烘 / 焙 / 度 / _____

購 / 買 / 時 / 間 / _____

價 / 格 / _____

萃取方式 Brew Method

□手沖 , □義式濃縮 , □濾壓壺

□虹吸式 , □其他_____

咖啡風味 Flavor

濃度 ▶ □ 淡　□ 濃

口感 ▶ □ 溫順　□ 沉重

香味 ▶ □ 花香_____

　　　□ 果香_____

　　　□ 甜香_____

品評 Tasting Comment

甘甜

香氣　　　　　　　　　醇度

1 2 3 4 5

苦度　　　　　　　　　酸度

評價 Rating

總評 ▶ _____ 分 , 回購 ▶ □ 會 , □ 不會

私筆記 Note

_____

_____

購買店 Shop Data

店名:　　　　　　地址:

電話:　　　　　營業:　　　　　　　　店休:

COFFEE BEANS NOTE
購買咖啡豆記錄

咖/啡/豆/品/名/ _____

_____

_____

產/區/或/莊/園/ _____

_____

處/理/法/ _____

烘/焙/日/期/ _____

烘/焙/度/ _____

購/買/時/間/ _____

價/格/ _____

萃取方式 Brew Method

□手沖 , □義式濃縮 , □濾壓壺

□虹吸式 , □其他_____ 、

咖啡風味 Flavor

濃度 ▶ □ 淡 □ 濃

口感 ▶ □ 溫順 □ 沉重

香味 ▶ □ 花香_____

　　　□ 果香_____

　　　□ 甜香_____

品評 Tasting Comment

甘甜
醇度
香氣　1 2 3 4 5
苦度　　　酸度

評價 Rating

總評 ▶ _____分 , 回購 ▶ □ 會 □ 不會

私筆記 Note

_____

_____

購買店 Shop Data

店名：　　　　地址：

電話：　　營業：　　　　店休：

咖啡豆小常識 TIPS

現磨好咖啡粉再沖煮，可以讓咖啡香氣四溢。若想要數杯咖啡，可以先沖煮完一杯，再磨另一杯的份量。

咖/啡/豆/品/名/ _____

_____

_____

產/區/或/莊/園/ _____

_____

處/理/法/ _____

烘/焙/日/期/ _____

烘/焙/度/ _____

購/買/時/間/ _____

價/格/ _____

萃取方式 Brew Method

□手沖 / □義式濃縮 / □濾壓壺
□虹吸式 / □其他 _____

咖啡風味 Flavor

濃度 ▶ □ 淡　□ 濃

口感 ▶ □ 溫順　□ 沉重

香味 ▶ □ 花香 _____

　　　□ 果香 _____

　　　□ 甜香 _____

品評 Tasting Comment

甘甜

香氣　　　　　　　　　　醇度

1 2 3 4 5

苦度　　　　　　　酸度

評價 Rating

總評 ▶ _____ 分 / 回購 ▶ □ 會 / □ 不會

咖啡豆小常識 TIPS

有蓋玻璃罐（霧面不透明）比
較不會吸收不好的氣味，而且
水洗擦乾後可以保持乾燥，很
適合盛裝咖啡豆保存。

私筆記 Note _____

_____

購買店 Shop Data

店名：　　　　　　地址：

電話：　　　營業：　　　　　　店休：

COFFEE
BEANS NOTE
購買咖啡豆
記錄

咖/啡/豆/品/名/ _____

_____

_____

產/區/或/莊/園/ _____

_____

處/理/法/ _____

烘/焙/日/期/ _____

烘/焙/度/ _____

購/買/時/間/ _____

價/格/ _____

萃取方式 Brew Method
□手沖,□義式濃縮,□濾壓壺
□虹吸式,□其他 _____

咖啡風味 Flavor
濃度 ▶ □ 淡　□ 濃
口感 ▶ □ 溫順　□ 沉重
香味 ▶ □ 花香 _____
　　　□ 果香 _____
　　　□ 甜香 _____

品評 Tasting Comment

甘甜
香氣　　　　　　　　　醇度
　　　　　1 2 3 4 5
苦度　　　　　　　酸度

評價 Rating
總評 ▶ _____ 分,回購 ▶ □ 會 □ 不會

私筆記 Note
_____
_____

購買店 Shop Data
店名:　　　　　地址:
_____
電話:　　　　營業:　　　　店休:

咖啡豆小常識 TIPS

買咖啡豆還是咖啡粉好呢?咖
啡粉雖然操作方便,但因接觸
空氣的面積較大,氧化速度快,
易散失香氣、出油劣化,購買
時早已過了最佳賞味期限。

咖 / 啡 / 豆 / 品 / 名 / _____

_____

_____

產 / 區 / 或 / 莊 / 園 / _____

_____

處 / 理 / 法 / _____

烘 / 焙 / 日 / 期 / _____

烘 / 焙 / 度 / _____

購 / 買 / 時 / 間 / _____

價 / 格 / _____

萃取方式 Brew Method

□手沖 ， □義式濃縮 ， □濾壓壺

□虹吸式 ， □其他 _____

咖啡風味 Flavor

濃度 ▶ □ 淡　□ 濃

口感 ▶ □ 溫順　□ 沉重

香味 ▶ □ 花香 _____

　　　 □ 果香 _____

　　　 □ 甜香 _____

品評 Tasting Comment

甘甜

香氣　　　　　　　　　　　醇度

1 / 2 / 3 / 4 / 5

苦度　　　　　　　酸度

評價 Rating

總評 ▶ _____ 分 ， 回購 ▶ □ 會 ， □ 不會

私筆記 Note

_____

_____

購買店 Shop Data

店名：　　　　　　地址：_____

電話：　　　　營業：　　　　　　店休：_____

COFFEE BEANS NOTE
購買咖啡豆 記錄

咖 / 啡 / 豆 / 品 / 名 / _____

_____

_____

產 / 區 / 或 / 莊 / 園 / _____

_____

處 / 理 / 法 / _____

烘 / 焙 / 日 / 期 / _____

烘 / 焙 / 度 / _____

購 / 買 / 時 / 間 / _____

價 / 格 / _____

萃取方式 Brew Method

□手沖 , □義式濃縮 , □濾壓壺

□虹吸式 , □其他 _____

咖啡風味 Flavor

濃度 ▶ □ 淡　□ 濃

口感 ▶ □ 溫順　□ 沉重

香味 ▶ □ 花香 _____

　　　□ 果香 _____

　　　□ 甜香 _____

品評 Tasting Comment

甘甜

香氣　　　　　　　醇度

1 2 3 4 5

苦度　　　　　酸度

評價 Rating

總評 ▶ _____ 分 , 回購 ▶ □ 會 , □ 不會

私筆記 Note _____

_____

購買店 Shop Data

店名：　　　　地址：_____

電話：　　　營業：　　　　店休：_____

> **咖啡豆小常識TIPS**
>
> 單品豆多以手沖、虹吸式、摩卡壺和濾壓壺沖煮，較能呈現其豐富的層次感，引發咖啡豆的特性。

咖 / 啡 / 豆 / 品 / 名 / _____

_____

_____

產 / 區 / 或 / 莊 / 園 / _____

_____

處 / 理 / 法 / _____

烘 / 焙 / 日 / 期 / _____

烘 / 焙 / 度 / _____

購 / 買 / 時 / 間 / _____

價 / 格 / _____

萃取方式 Brew Method

□手沖 ， □義式濃縮 ， □濾壓壺

□虹吸式 ， □其他 _____

咖啡風味 Flavor

濃度 ▶ □ 淡　□ 濃

口感 ▶ □ 溫順　□ 沉重

香味 ▶ □ 花香 _____

　　　□ 果香 _____

　　　□ 甜香 _____

品評 Tasting Comment

甘甜

香氣　　　　　醇度

1 / 2 / 3 / 4 / 5

苦度　　　　　酸度

評價 Rating

總評 ▶ _____ 分 ， 回購 ▶ □ 會 □ 不會

咖啡豆小常識 TIPS

即使同一包咖啡豆也會依沖煮
器具而風味不同，所以多試試
各種器具，找出最喜愛的口感
與風味吧！

私筆記 Note

_____

_____

購買店 Shop Data

店名：　　　　　　　地址：

電話：　　　　　營業：　　　　　　　店休：

COFFEE BEANS NOTE
購買咖啡豆記錄

咖 / 啡 / 豆 / 品 / 名 / ＿＿＿＿＿＿＿＿＿＿

＿＿＿＿＿＿＿＿＿＿＿＿＿＿＿＿

＿＿＿＿＿＿＿＿＿＿＿＿＿＿＿＿

產 / 區 / 或 / 莊 / 園 / ＿＿＿＿＿＿＿＿＿＿

＿＿＿＿＿＿＿＿＿＿＿＿＿＿＿＿

處 / 理 / 法 / ＿＿＿＿＿＿＿＿＿＿＿

烘 / 焙 / 日 / 期 / ＿＿＿＿＿＿＿＿＿

烘 / 焙 / 度 / ＿＿＿＿＿＿＿＿＿＿

購 / 買 / 時 / 間 / ＿＿＿＿＿＿＿＿

價 / 格 / ＿＿＿＿＿＿＿＿＿＿＿

萃取方式 Brew Method

□手沖 / □義式濃縮 / □濾壓壺

□虹吸式 / □其他＿＿＿＿＿＿＿＿

咖啡風味 Flavor

濃度 ▶ □ 淡　□ 濃

口感 ▶ □ 溫順　□ 沉重

香味 ▶ □ 花香＿＿＿＿＿＿＿＿

　　　□ 果香＿＿＿＿＿＿＿＿

　　　□ 甜香＿＿＿＿＿＿＿＿

品評 Tasting Comment

甘甜　醇度　酸度　苦度　香氣

1　2　3　4　5

評價 Rating

總評 ▶ ＿＿＿＿＿ 分 / 回購 ▶ □ 會 / □ 不會

私筆記 Note

＿＿＿＿＿＿＿＿＿＿＿＿＿＿＿＿

＿＿＿＿＿＿＿＿＿＿＿＿＿＿＿＿

購買店 Shop Data

店名：　　　　　地址：

電話：　　　營業：　　　　店休：

咖啡豆小常識 TIPS

咖啡渣是吸溼、除臭的好幫手，可以放在冰箱中消除異味，是實用且省錢的天然除臭劑。

咖/啡/豆/品/名/ _____

_____

_____

產/區/或/莊/園/ _____

_____

處/理/法/ _____

烘/焙/日/期/ _____

烘/焙/度/ _____

購/買/時/間/ _____

價/格/ _____

萃取方式 Brew Method
□手沖 , □義式濃縮 , □濾壓壺
□虹吸式 , □其他 _____

咖啡風味 Flavor
濃度▶□淡　□濃
口感▶□溫順　□沉重
香味▶□花香 _____
　　　□果香 _____
　　　□甜香 _____

品評 Tasting Comment

甘甜
香氣
醇度
1 2 3 4 5
苦度
酸度

評價 Rating
總評▶ _____ 分 , 回購▶□會 , □不會

私筆記 Note
_____

_____

購買店 Shop Data
店名：　　　　　　地址：
電話：　　　營業：　　　　　　　　店休：

COFFEE BEANS NOTE
購買咖啡豆記錄

咖 / 啡 / 豆 / 品 / 名 / _____

_____

_____

產 / 區 / 或 / 莊 / 園 / _____

_____

處 / 理 / 法 / _____

烘 / 焙 / 日 / 期 / _____

烘 / 焙 / 度 / _____

購 / 買 / 時 / 間 / _____

價 / 格 / _____

萃取方式 Brew Method
□手沖 / □義式濃縮 / □濾壓壺
□虹吸式 / □其他_____

咖啡風味 Flavor
濃度 ▶ □ 淡　□ 濃
口感 ▶ □ 溫順　□ 沉重
香味 ▶ □ 花香_____
　　　　□ 果香_____
　　　　□ 甜香_____

品評 Tasting Comment

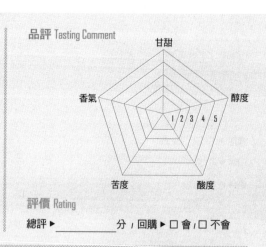

評價 Rating
總評 ▶ _____ 分 / 回購 ▶ □ 會 / □ 不會

私筆記 Note
_____
_____

購買店 Shop Data
店名：　　　　　　地址：_____
電話：　　　　營業：　　　　　　店休：_____

咖啡豆小常識 TIPS
最好是在沖煮之前再研磨咖啡豆，才能達到最佳的香氣與風味，太早研磨好會喪失香氣。

咖 / 啡 / 豆 / 品 / 名 / _____

_____

_____

產 / 區 / 或 / 莊 / 園 / _____

_____

處 / 理 / 法 / _____

烘 / 焙 / 日 / 期 / _____

烘 / 焙 / 度 / _____

購 / 買 / 時 / 間 / _____

價 / 格 / _____

萃取方式 Brew Method

□手沖 , □義式濃縮 , □濾壓壺

□虹吸式 , □其他 _____

咖啡風味 Flavor

濃度 ▶ □ 淡　□ 濃

口感 ▶ □ 溫順　□ 沉重

香味 ▶ □ 花香 _____

　　　□ 果香 _____

　　　□ 甜香 _____

品評 Tasting Comment

甘甜

香氣　　醇度

1 2 3 4 5

苦度　　酸度

評價 Rating

總評 ▶ _____ 分 , 回購 ▶ □ 會 , □ 不會

私筆記 Note

_____

_____

購買店 Shop Data

店名：　　　　　　地址：

電話：　　　營業：　　　　　　店休：

COFFEE BEANS NOTE
購買咖啡豆記錄

咖/啡/豆/品/名/ _____

_____

_____

產/區/或/莊/園/ _____

_____

處/理/法/ _____

烘/焙/日/期/ _____

烘/焙/度/ _____

購/買/時/間/ _____

價/格/ _____

萃取方式 Brew Method

□手沖 , □義式濃縮 , □濾壓壺

□虹吸式 , □其他 _____

咖啡風味 Flavor

濃度 ▶ □ 淡　□ 濃

口感 ▶ □ 溫順　□ 沉重

香味 ▶ □ 花香 _____

　　　 □ 果香 _____

　　　 □ 甜香 _____

品評 Tasting Comment

甘甜

醇度

香氣

1 2 3 4 5

苦度　　　酸度

評價 Rating

總評 ▶ _____ 分 , 回購 ▶ □ 會 , □ 不會

私筆記 Note _____

_____

購買店 Shop Data

店名： 　　　　地址：

電話： 　　營業： 　　　　店休：

咖啡豆小常識 TIPS

店家在剛烘焙完的咖啡豆包裝袋上，都會標註建議飲用的時間，所以千萬別一買回家立刻磨粉沖煮，多點耐心等待美好風味。

咖/啡/豆/品/名/ _____

_____

_____

產/區/或/莊/園/ _____

_____

處/理/法/ _____

烘/焙/日/期/ _____

烘/焙/度/ _____

購/買/時/間/ _____

價/格/ _____

萃取方式 Brew Method

□手沖 , □義式濃縮 , □濾壓壺

□虹吸式 , □其他 _____

咖啡風味 Flavor

濃度 ▶ □ 淡　□ 濃

口感 ▶ □ 溫順　□ 沉重

香味 ▶ □ 花香 _____

　　　 □ 果香 _____

　　　 □ 甜香 _____

品評 Tasting Comment

甘甜

香氣　　　　　　　　　　醇度

1 2 3 4 5

苦度　　　　　　酸度

評價 Rating

總評 ▶ _____ 分 , 回購 ▶ □ 會 , □ 不會

私筆記 Note _____

_____

購買店 Shop Data

店名：　　　　　　　地址：

電話：　　　　營業：　　　　　　店休：

COFFEE BEANS NOTE
購買咖啡豆記錄

咖/啡/豆/品/名/ _____

_____

_____

產/區/或/莊/園/ _____

_____

處/理/法/ _____

烘/焙/日/期/ _____

烘/焙/度/ _____

購/買/時/間/ _____

價/格/ _____

萃取方式 Brew Method

□手沖,□義式濃縮,□濾壓壺

□虹吸式,□其他 _____

咖啡風味 Flavor

濃度▶ □ 淡　□ 濃

口感▶ □ 溫順　□ 沉重

香味▶ □ 花香 _____

　　　□ 果香 _____

　　　□ 甜香 _____

品評 Tasting Comment

甘甜　醇度　1 2 3 4 5　香氣　苦度　酸度

評價 Rating

總評▶ _____ 分,回購▶□ 會/□ 不會

私筆記 Note _____

_____

購買店 Shop Data

店名:　　　　地址:

電話:　　　營業:　　　　店休:

咖 / 啡 / 豆 / 品 / 名 / ＿＿＿＿＿＿＿

＿＿＿＿＿＿＿＿＿＿＿＿＿＿＿＿＿

＿＿＿＿＿＿＿＿＿＿＿＿＿＿＿＿＿

產 / 區 / 或 / 莊 / 園 / ＿＿＿＿＿＿＿

＿＿＿＿＿＿＿＿＿＿＿＿＿＿＿＿＿

處 / 理 / 法 / ＿＿＿＿＿＿＿＿＿＿

烘 / 焙 / 日 / 期 / ＿＿＿＿＿＿＿＿

烘 / 焙 / 度 / ＿＿＿＿＿＿＿＿＿＿

購 / 買 / 時 / 間 / ＿＿＿＿＿＿＿＿

價 / 格 / ＿＿＿＿＿＿＿＿＿＿＿＿

萃取方式 Brew Method

□手沖 / □義式濃縮 / □濾壓壺

□虹吸式 / □其他＿＿＿＿＿＿＿＿

咖啡風味 Flavor

濃度 ▶ □ 淡　□ 濃

口感 ▶ □ 溫順　□ 沉重

香味 ▶ □ 花香＿＿＿＿＿＿＿＿＿

　　　 □ 果香＿＿＿＿＿＿＿＿＿

　　　 □ 甜香＿＿＿＿＿＿＿＿＿

品評 Tasting Comment

（甘甜、香氣、醇度、苦度、酸度 1 2 3 4 5 雷達圖）

評價 Rating

總評 ▶＿＿＿＿＿＿ 分 / 回購 ▶ □ 會 □ 不會

咖啡豆小常識 TIPS

除了咖啡生豆的品質，烘焙更
是影響風味的極大原因。烘焙
需要專業知識，加上設備不易
自購，可試試多間店家，尋找
適合自己的風味豆。

私筆記 Note

＿＿＿＿＿＿＿＿＿＿＿＿＿＿＿＿＿＿＿＿＿＿＿＿

＿＿＿＿＿＿＿＿＿＿＿＿＿＿＿＿＿＿＿＿＿＿＿＿

購買店 Shop Data

店名：　　　　　　地址：

電話：　　　　營業：　　　　　　　店休：

COFFEE BEANS NOTE
購買咖啡豆
記錄

咖/啡/豆/品/名/ _____

_____

_____

產/區/或/莊/園/ _____

_____

處/理/法/ _____

烘/焙/日/期/ _____

烘/焙/度/ _____

購/買/時/間/ _____

價/格/ _____

萃取方式 Brew Method

□手沖 , □義式濃縮 , □濾壓壺

□虹吸式 , □其他_____

咖啡風味 Flavor

濃度 ▶ □ 淡　□ 濃

口感 ▶ □ 溫順　□ 沉重

香味 ▶ □ 花香_____

　　　□ 果香_____

　　　□ 甜香_____

品評 Tasting Comment

甘甜

香氣　　　　　　　　　　　醇度

1 2 3 4 5

苦度　　　　　　　酸度

評價 Rating

總評 ▶ _____ 分 , 回購 ▶ □ 會 □ 不會

私筆記 Note

_____

_____

購買店 Shop Data

店名：　　　　　　地址：

電話：　　　營業：　　　　　　店休：

━━━ 咖啡豆小常識 TIPS ━━━

煮咖啡的水含礦物質太多或太少，
都會影響風味平衡，幾乎不含礦
物質的 RO 逆滲透水、蒸餾水或
純水不可使用。自來水必須先過
濾掉氯和雜質，煮沸後才能沖煮。

咖 / 啡 / 豆 / 品 / 名 / _____

_____

_____

產 / 區 / 或 / 莊 / 園 / _____

_____

處 / 理 / 法 / _____

烘 / 焙 / 日 / 期 / _____

烘 / 焙 / 度 / _____

購 / 買 / 時 / 間 / _____

價 / 格 / _____

萃取方式 Brew Method

□手沖 , □義式濃縮 , □濾壓壺

□虹吸式 , □其他 _____

咖啡風味 Flavor

濃度 ▶ □ 淡　□ 濃

口感 ▶ □ 溫順　□ 沉重

香味 ▶ □ 花香 _____

　　　□ 果香 _____

　　　□ 甜香 _____

品評 Tasting Comment

甘甜

香氣　　　　　　　　　　　　醇度

1 2 3 4 5

苦度　　　　　　　酸度

評價 Rating

總評 ▶ _____ 分 , 回購 ▶ □ 會 , □ 不會

私筆記 Note

_____

_____

購買店 Shop Data

店名：　　　　　　　地址：

電話：　　　　營業：　　　　　　店休：

COFFEE
BEANS NOTE
購買咖啡豆
記錄

咖/啡/豆/品/名/ _____

_____

_____

產/區/或/莊/園/ _____

_____

處/理/法/ _____

烘/焙/日/期/ _____

烘/焙/度/ _____

購/買/時/間/ _____

價/格/ _____

萃取方式 Brew Method

□手沖 / □義式濃縮 / □濾壓壺

□虹吸式 / □其他 _____

咖啡風味 Flavor

濃度 ► □ 淡　□ 濃

口感 ► □ 溫順　□ 沉重

香味 ► □ 花香 _____

　　　 □ 果香 _____

　　　 □ 甜香 _____

品評 Tasting Comment

甘甜

香氣　　　　　　　　醇度

1 2 3 4 5

苦度　　　　　　酸度

評價 Rating

總評 ► _____ 分 / 回購 ► □ 會 / □ 不會

私筆記 Note

_____

_____

購買店 Shop Data

店名：　　　　　　地址：

電話：　　　營業：　　　　店休：

咖啡豆小常識 TIPS

經過多種口味的嘗試之後，找到
自己喜歡的風味類型，比如花
香、水果香等，再請店家推薦相
關風味的咖啡豆。

咖/啡/豆/品/名/ _____

_____

_____

產/區/或/莊/園/ _____

_____

處/理/法/ _____

烘/焙/日/期/ _____

烘/焙/度/ _____

購/買/時/間/ _____

價/格/ _____

萃取方式 Brew Method

□手沖 , □義式濃縮 , □濾壓壺

□虹吸式 , □其他 _____

咖啡風味 Flavor

濃度 ▶ □ 淡　□ 濃

口感 ▶ □ 溫順　□ 沉重

香味 ▶ □ 花香 _____

　　　 □ 果香 _____

　　　 □ 甜香 _____

品評 Tasting Comment

甘甜　醇度　酸度　苦度　香氣

1 2 3 4 5

評價 Rating

總評 ▶ _____ 分 , 回購 ▶ □ 會 , □ 不會

咖啡豆小常識 TIPS

電子秤、電子溫度計與計時器是手沖咖啡必備的輔助工具，有了它們，才可以減少量、時間上的誤差，達到咖啡的最佳風味。

私筆記 Note

_____

_____

購買店 Shop Data

店名：　　　　　　地址：

電話：　　　　　營業：　　　　　　店休：

COFFEE BEANS NOTE
購買咖啡豆記錄

咖/啡/豆/品/名/ _____

_____

_____

產/區/或/莊/園/ _____

_____

處/理/法/ _____

烘/焙/日/期/ _____

烘/焙/度/ _____

購/買/時/間/ _____

價/格/ _____

萃取方式 Brew Method

□手沖 , □義式濃縮 , □濾壓壺

□虹吸式 , □其他 _____

咖啡風味 Flavor

濃度 ▶ □ 淡　□ 濃

口感 ▶ □ 溫順　□ 沉重

香味 ▶ □ 花香 _____

　　　 □ 果香 _____

　　　 □ 甜香 _____

品評 Tasting Comment

甘甜

香氣　　　　　　　　　　醇度

1 2 3 4 5

苦度　　　　　　　　　　酸度

評價 Rating

總評 ▶ _____ 分 , 回購 ▶ □ 會 , □ 不會

私筆記 Note

_____

_____

購買店 Shop Data

店名：　　　　　　地址：

電話：　　　　營業：　　　　　　店休：

咖啡豆小常識 TIPS

通常生長於高海拔地區的咖啡漿果，因氣候日夜溫差大，生長期較慢，所以漿的質地比較硬，香氣較濃郁，風味較佳

咖 / 啡 / 豆 / 品 / 名 / ＿＿＿＿＿＿＿＿

＿＿＿＿＿＿＿＿＿＿＿＿＿＿＿＿

＿＿＿＿＿＿＿＿＿＿＿＿＿＿＿＿

產 / 區 / 或 / 莊 / 園 / ＿＿＿＿＿＿＿＿

＿＿＿＿＿＿＿＿＿＿＿＿＿＿＿＿

處 / 理 / 法 / ＿＿＿＿＿＿＿＿＿＿

烘 / 焙 / 日 / 期 / ＿＿＿＿＿＿＿＿

烘 / 焙 / 度 / ＿＿＿＿＿＿＿＿＿

購 / 買 / 時 / 間 / ＿＿＿＿＿＿＿

價 / 格 / ＿＿＿＿＿＿＿＿＿＿＿

萃取方式 Brew Method

□手沖 , □義式濃縮 , □濾壓壺

□虹吸式 , □其他 ＿＿＿＿＿＿＿＿

咖啡風味 Flavor

濃度 ▶ □ 淡　□ 濃

口感 ▶ □ 溫順　□ 沉重

香味 ▶ □ 花香＿＿＿＿＿＿＿＿＿

　　　□ 果香＿＿＿＿＿＿＿＿＿

　　　□ 甜香＿＿＿＿＿＿＿＿＿

品評 Tasting Comment

甘甜　醇度　酸度　苦度　香氣
1 / 2 / 3 / 4 / 5

評價 Rating

總評 ▶ ＿＿＿＿＿＿分 , 回購 ▶ □ 會 , □ 不會

咖啡豆小常識 TIPS

莊園咖啡豆是指來自於某個單一莊園的豆子，或者多個小農組成的合作社，因為可以追查到生產者栽種的資訊，所以品質較優良。

私筆記 Note ＿＿＿＿＿＿＿＿＿＿＿＿

＿＿＿＿＿＿＿＿＿＿＿＿＿＿＿＿＿＿

購買店 Shop Data

店名：　　　　　地址：

電話：　　　　營業：　　　　　店休：

COFFEE BEANS NOTE
購買咖啡豆 記錄

咖 / 啡 / 豆 / 品 / 名 / ＿＿＿＿＿＿＿＿＿

＿＿＿＿＿＿＿＿＿＿＿＿＿＿＿＿＿

＿＿＿＿＿＿＿＿＿＿＿＿＿＿＿＿＿

產 / 區 / 或 / 莊 / 園 / ＿＿＿＿＿＿＿＿＿

＿＿＿＿＿＿＿＿＿＿＿＿＿＿＿＿＿

處 / 理 / 法 / ＿＿＿＿＿＿＿＿＿＿＿

烘 / 焙 / 日 / 期 / ＿＿＿＿＿＿＿＿＿

烘 / 焙 / 度 / ＿＿＿＿＿＿＿＿＿＿＿

購 / 買 / 時 / 間 / ＿＿＿＿＿＿＿＿＿

價 / 格 / ＿＿＿＿＿＿＿＿＿＿＿＿＿

萃取方式 Brew Method

□手沖 , □義式濃縮 , □濾壓壺

□虹吸式 , □其他＿＿＿＿＿＿＿＿＿

咖啡風味 Flavor

濃度 ▶ □ 淡　□ 濃

口感 ▶ □ 溫順　□ 沉重

香味 ▶ □ 花香＿＿＿＿＿＿＿＿＿

　　　 □ 果香＿＿＿＿＿＿＿＿＿

　　　 □ 甜香＿＿＿＿＿＿＿＿＿

品評 Tasting Comment

評價 Rating

總評 ▶ ＿＿＿＿＿＿ 分 , 回購 ▶ □ 會 □ 不會

私筆記 Note

＿＿＿＿＿＿＿＿＿＿＿＿＿＿＿＿＿＿＿

＿＿＿＿＿＿＿＿＿＿＿＿＿＿＿＿＿＿＿

購買店 Shop Data

店名：　　　　　　地址：

電話：　　　營業：　　　　店休：

咖啡豆小常識 TIPS

莊園咖啡豆的外包裝除了載明「生產者名稱」、「品種」、「處理法」等，為了突顯特色，有的莊園會寫上風味提示等詳細訊息，讓購買者更瞭解。

咖 / 啡 / 豆 / 品 / 名 / _____

_____

_____

產 / 區 / 或 / 莊 / 園 / _____

_____

處 / 理 / 法 / _____

烘 / 焙 / 日 / 期 / _____

烘 / 焙 / 度 / _____

購 / 買 / 時 / 間 / _____

價 / 格 / _____

萃取方式 Brew Method

□手沖，□義式濃縮，□濾壓壺
□虹吸式，□其他 _____

咖啡風味 Flavor

濃度 ▶ □ 淡　□ 濃

口感 ▶ □ 溫順　□ 沉重

香味 ▶ □ 花香 _____

　　　 □ 果香 _____

　　　 □ 甜香 _____

品評 Tasting Comment

甘甜　醇度　酸度　苦度　香氣
1 2 3 4 5

評價 Rating

總評 ▶ _____ 分，回購 ▶ □ 會，□ 不會

私筆記 Note _____

_____

購買店 Shop Data

店名：_____　地址：_____

電話：_____　營業：_____　店休：_____

COFFEE BEANS NOTE
購買咖啡豆記錄

咖/啡/豆/品/名/ _____

_____

_____

產/區/或/莊/園/ _____

_____

處/理/法/ _____

烘/焙/日/期/ _____

烘/焙/度/ _____

購/買/時/間/ _____

價/格/ _____

萃取方式 Brew Method
□手沖 , □義式濃縮 , □濾壓壺
□虹吸式 , □其他_____

咖啡風味 Flavor
濃度▶ □ 淡　□ 濃
口感▶ □ 溫順　□ 沉重
香味▶ □ 花香_____
　　　□ 果香_____
　　　□ 甜香_____

品評 Tasting Comment

```
        甘甜
香氣           醇度
      1 2 3 4 5
    苦度      酸度
```

評價 Rating
總評▶ _____ 分 , 回購▶ □ 會 □ 不會

私筆記 Note
_____
_____

購買店 Shop Data
店名：　　　　　　地址：
電話：　　　營業：　　　　店休：

咖啡豆小常識 TIPS

建議在每一次沖煮咖啡前再一點一點研磨咖啡粉，不要一次將整包咖啡豆都研磨掉，這樣每一杯咖啡都能擁有最佳香氣。

咖 / 啡 / 豆 / 品 / 名 / _____

_____

_____

產 / 區 / 或 / 莊 / 園 / _____

_____

處 / 理 / 法 / _____

烘 / 焙 / 日 / 期 / _____

烘 / 焙 / 度 / _____

購 / 買 / 時 / 間 / _____

價 / 格 / _____

萃取方式 Brew Method

□手沖 , □義式濃縮 , □濾壓壺

□虹吸式 , □其他 _____

咖啡風味 Flavor

濃度 ▶ □ 淡　□ 濃

口感 ▶ □ 溫順　□ 沉重

香味 ▶ □ 花香 _____

　　　□ 果香 _____

　　　□ 甜香 _____

品評 Tasting Comment

甘甜

香氣　　　　　　　　醇度

1 2 3 4 5

苦度　　　　　酸度

評價 Rating

總評 ▶ _____ 分 , 回購 ▶ □ 會 , □ 不會

咖啡豆小常識 TIPS

不管是自己沖煮或在外購買，
早餐後一杯咖啡，有助於保有
好情緒。

私筆記 Note

_____

_____

購買店 Shop Data

店名：　　　　　　地址：

電話：　　　　營業：　　　　　　　　店休：

COFFEE BEANS NOTE
購買咖啡豆
記錄

咖/啡/豆/品/名/ _____

_____

_____

產/區/或/莊/園/ _____

_____

處/理/法/ _____

烘/焙/日/期/ _____

烘/焙/度/ _____

購/買/時/間/ _____

價/格/ _____

萃取方式 Brew Method
□手沖 , □義式濃縮 , □濾壓壺
□虹吸式 , □其他 _____

咖啡風味 Flavor
濃度 ▶ □ 淡 □ 濃
口感 ▶ □ 溫順 □ 沉重
香味 ▶ □ 花香 _____
　　　□ 果香 _____
　　　□ 甜香 _____

品評 Tasting Comment

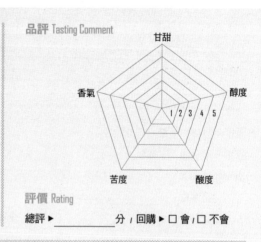

甘甜
香氣　　　醇度
1 2 3 4 5
苦度　　　酸度

評價 Rating
總評 ▶ _____ 分 , 回購 ▶ □ 會 , □ 不會

私筆記 Note
_____
_____

購買店 Shop Data
店名：　　　　　地址：
電話：　　　營業：　　　店休：

咖 / 啡 / 豆 / 品 / 名 / _____

_____

_____

產 / 區 / 或 / 莊 / 園 / _____

_____

處 / 理 / 法 / _____

烘 / 焙 / 日 / 期 / _____

烘 / 焙 / 度 / _____

購 / 買 / 時 / 間 / _____

價 / 格 / _____

萃取方式 Brew Method

□手沖 , □義式濃縮 , □濾壓壺

□虹吸式 , □其他 _____

咖啡風味 Flavor

濃度 ▶ □ 淡　□ 濃

口感 ▶ □ 溫順　□ 沉重

香味 ▶ □ 花香 _____

　　　　□ 果香 _____

　　　　□ 甜香 _____

品評 Tasting Comment

甘甜　醇度　酸度　苦度　香氣　1 2 3 4 5

評價 Rating

總評 ▶ _____ 分 , 回購 ▶ □會 , □不會

咖啡豆小常識 TIPS

手沖咖啡時,有別於濾紙,使用金屬濾網比較能濾出咖啡油脂,風味醇厚,而且環保。

私筆記 Note

_____

_____

購買店 Shop Data

店名:　　　　　地址:

電話:　　　營業:　　　　　店休:

COFFEE BEANS NOTE
購買咖啡豆記錄

咖 / 啡 / 豆 / 品 / 名 / _____

_____

_____

產 / 區 / 或 / 莊 / 園 / _____

_____

處 / 理 / 法 / _____

烘 / 焙 / 日 / 期 / _____

烘 / 焙 / 度 / _____

購 / 買 / 時 / 間 / _____

價 / 格 / _____

萃取方式 Brew Method

□手沖 , □義式濃縮 , □濾壓壺

□虹吸式 , □其他 _____

咖啡風味 Flavor

濃度 ▶ □ 淡　□ 濃

口感 ▶ □ 溫順　□ 沉重

香味 ▶ □ 花香 _____

　　　 □ 果香 _____

　　　 □ 甜香 _____

品評 Tasting Comment

甘甜 / 醇度 / 酸度 / 苦度 / 香氣　1 2 3 4 5

評價 Rating

總評 ▶ _____ 分 , 回購 ▶ □ 會 , □ 不會

私筆記 Note

_____

_____

購買店 Shop Data

店名：　　　　　　地址：

電話：　　　營業：　　　　店休：

咖啡豆小常識 TIPS

請店家推薦一台好用的磨豆機吧！優質的磨豆機磨好的咖啡粉顆粒大小較均勻，萃取更平均，風味更佳。

咖/啡/豆/品/名/ _____

_____

_____

產/區/或/莊/園/ _____

_____

處/理/法/ _____

烘/焙/日/期/ _____

烘/焙/度/ _____

購/買/時/間/ _____

價/格/ _____

萃取方式 Brew Method

□手沖 / □義式濃縮 / □濾壓壺

□虹吸式 / □其他 _____

咖啡風味 Flavor

濃度 ▶ □ 淡　□ 濃

口感 ▶ □ 溫順　□ 沉重

香味 ▶ □ 花香 _____

　　　　□ 果香 _____

　　　　□ 甜香 _____

品評 Tasting Comment

甘甜

香氣

醇度

1 2 3 4 5

苦度

酸度

評價 Rating

總評 ▶ _____ 分 / 回購 ▶ □ 會 / □ 不會

私筆記 Note _____

_____

購買店 Shop Data

店名：　　　　　　地址：

電話：　　　　營業：　　　　　　店休：

國家圖書館出版品預行編目

100杯咖啡記錄／美好生活實踐小組編著--
初版.--台北市：朱雀文化
　　面；　公分. -- （Lifestyle：037）
ISBN 978-986-92513-3-4（平裝）
1.咖啡
463.845

Lifestyle 037

100 CUPS OF COFFEE
100杯咖啡記錄

編著	美好生活實踐小組
美術	張歐洲
編輯	彭文怡
行銷企劃	石欣平
企畫統籌	李橘
總編輯	莫少閒
出版者	朱雀文化事業有限公司
地址	台北市基隆路二段13-1號3樓
電話	（02）2345-3868
傳真	（02）2345-3828
劃撥帳號	帳號：19234566
	戶名：朱雀文化事業有限公司
e-mail	redbook@ms26.hinet.net
網址	http://redbook.com.tw
總經銷	大和書報圖書股份有限公司（02）8990-2588
ISBN	978-986-92513-3-4
初版一刷	2016.02
定價	250元
出版登記	北市業字第1403號

憑截角
至以下營業服務點
購買 Tiamo® 品牌
咖啡器具
享有

本卷限使用一次.
需出示由店家回收。

正品8折
特價品95折
（飲品及電器商品除外）

Tiamo® 禧龍企業股份有限公司

地址：桃園市平鎮區陸光路14巷168號
電話：(03)420-0393(代表號)　　　傳真：(03)420-0162
E-mail：enquiry@ciron.com.tw
http://www.tiamo-cafe.com.tw　　www.ciron.com.tw

313 CAFÉ

台北市信義區基隆路二段 19-1 號
捷運信義線 世貿∕101 大樓站 2 號出口
(02) 2725-1377
營業時間：週一～週五 am7:45 ～ pm17:00
週六 am11:30 ～ pm17:00

憑本券購買咖啡豆享 89 折優惠
本券限用一次，咖啡豆品項以現場為準，優惠恕不併用。
（使用期限：至 2017 年 1 月 31 日止）